U0103634

地球

1 0 0 0 個基本事實

1000個基本事實

地 球

策劃編輯　陸詠笑
責任編輯　黃婷婷

1000 FACTS ON PLANET EARTH

著　　者　約翰・范登（John Farndon）
譯　　者　王了因
顧　　問　彼德・賴利（Peter Riley）
出版發行　智能教育出版社
　　　　　香港鰂魚涌英皇道1065號1304室
版　　次　2005年2月香港第一版第一次印刷
規　　格　特16開（180×180mm）224面
國際書號　ISBN 962・8830・72・4

Published in Hong Kong

本書中文版經由原出版者英國 Miles Kelly Publishing 授權本公司出版發行。

地　球

1000個基本事實

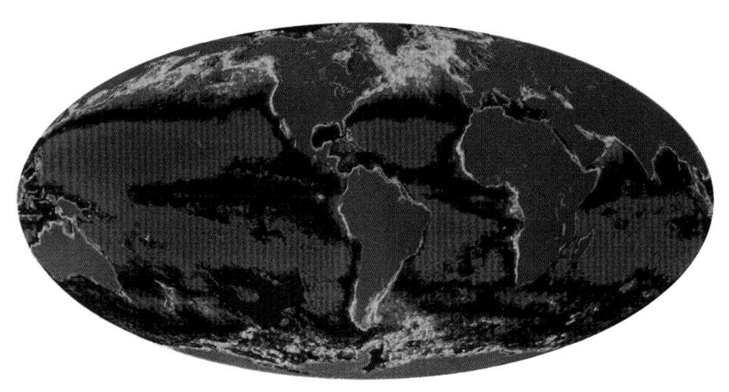

約翰・范登 著　王了因 譯　彼德・賴利 顧問

智能教育出版社

内容提要

地球

火山和地震

地貌之形成

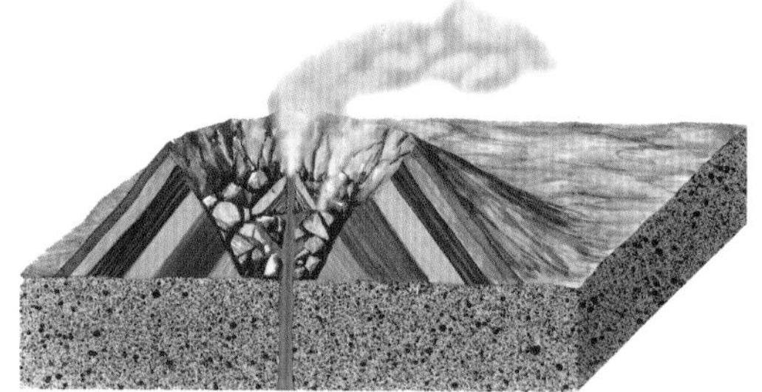

天氣和氣候

大陸

海洋

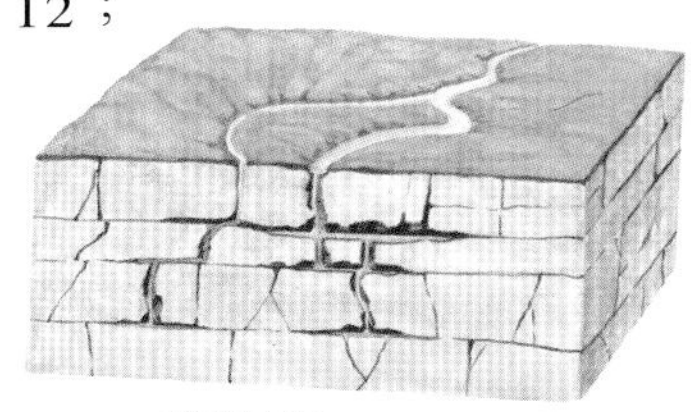

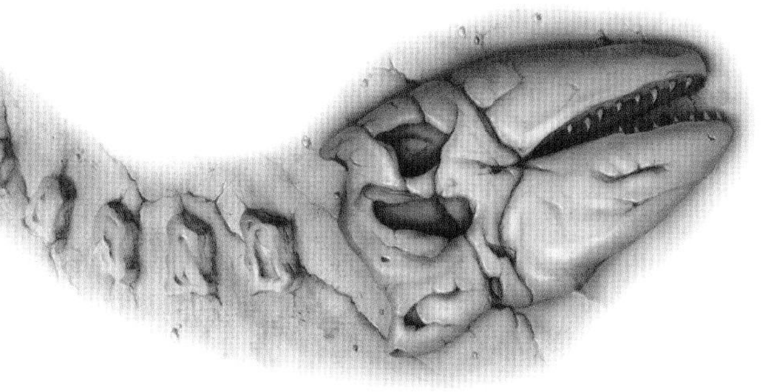

內容提要

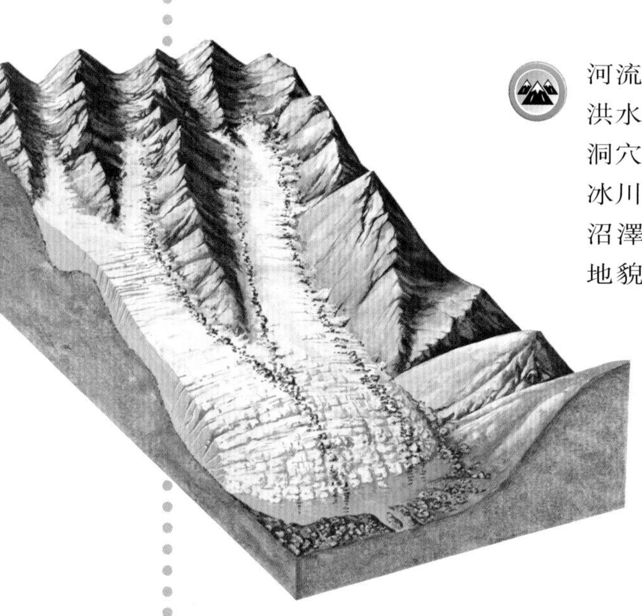

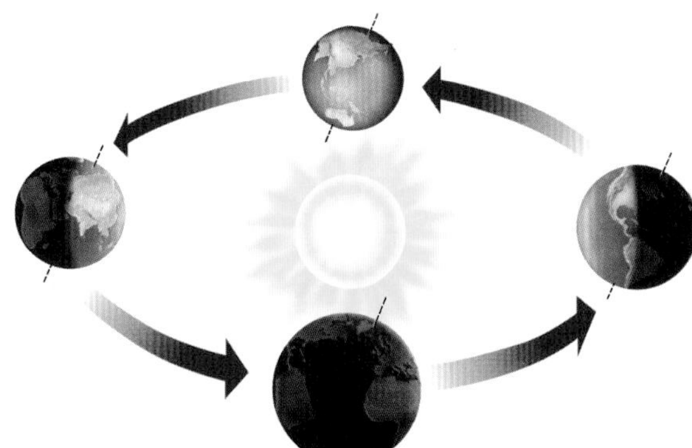

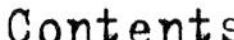

Contents

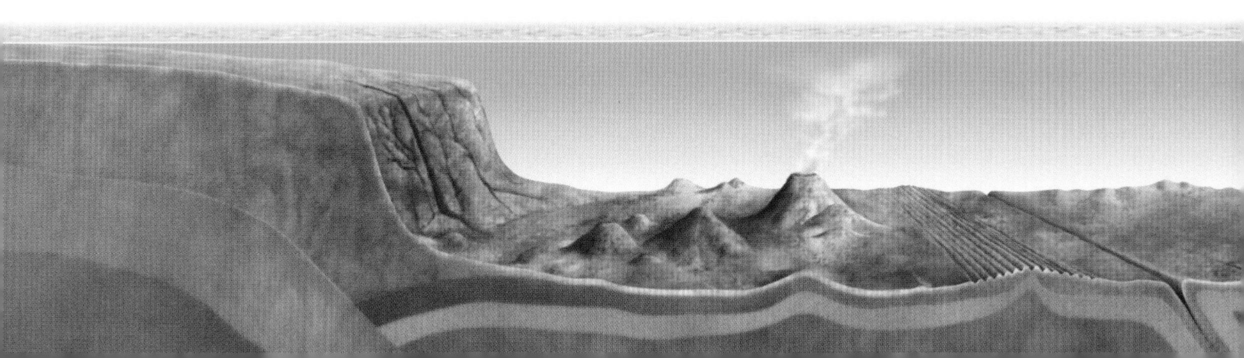

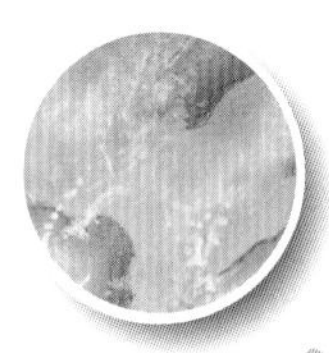

地球之形成

- **地球形成於45.7億年前，**源自一顆巨大的恆星爆炸後殘留的碎片。
- **這些天體碎片**繞着新近形成的太陽旋轉，並聚合成岩石——這些岩石被稱為星子（planetesimal），這便是地球形成的初始。
- **星子**因它們自身的重力而攏在一起，形成行星，譬如地球和火星。
- **起初**，地球只是一團熾熱的熔岩。
- **5,000萬年後，**一塊巨大的岩石撞擊了誕生不久的地球。撞擊產生的壓力將岩石熔化成一道滾燙的岩漿，這岩漿冷卻後即成了我們的月球。
- **這股壓力產生的衝擊，**成就了月球，也使得鐵和鎳向地球的中心坍縮，形成地核。地核的密度極高，其原子在核反應中熔化，使得地球的內層此後一直處於熾熱狀態。
- **熔岩**環繞着金屬質的地核形成一層厚達3,000公里的地幔。地核的高溫使得地幔非常地熱，並一直在劇烈地運動，就像一鍋沸騰的粥。
- **大約1億年後，**地幔的表面冷卻下來，並變得堅硬，形成一層薄薄的地殼。

- **水蒸汽和氣體**從火山裡噴發出來，形成地球最初的大氣層——這大氣層是有毒的。
- **2億年後，**這些水蒸汽凝結成水，自天傾盆而下，形成海洋。

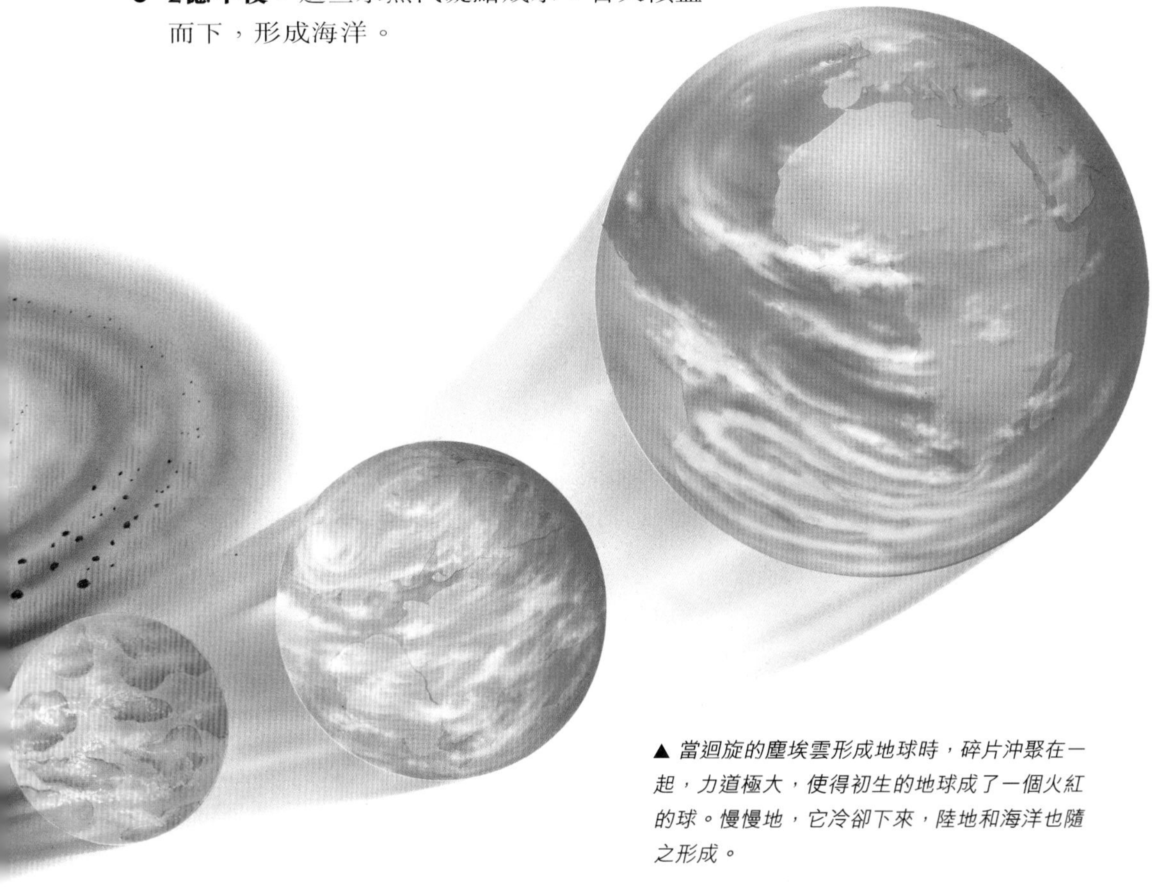

▲ *當迴旋的塵埃雲形成地球時，碎片沖聚在一起，力道極大，使得初生的地球成了一個火紅的球。慢慢地，它冷卻下來，陸地和海洋也隨之形成。*

地球之歷史

- **地球形成於45.7億年前，**但是第一批帶殼和有骨頭的動物，最早也在6億年前才出現。地質學家主要是藉助這些動物的化石，才得以對地球的歷史有所了解。我們對40億年前的地球所知極少，這個時期被稱為前寒武紀（Precambrian Time）。
- **正如每一天被劃分**為小時和分鐘一樣，地質學家也對地球的歷史進行分期。最長的劃分單位是“宙”（eon），有10億年長。最短的是“時”（chron），也有1,000年長。兩者中間是“代”（era），“紀”（period），“世”（epoch）和“期”（age）。
- **前寒武紀以後的歷史**被劃分為三個“代”：古生代（Palaeozoic）、中生代（Mesozoic）、新生代（Cenozoic）。
- **不同的時期生活着不同的植物和動物，**所以地質學家根據岩石中的化石能判斷岩石是在多久以前形成的。藉着化石，他們把前寒武紀以來地球的歷史分為十一個時期。
- **岩層**是一層層累積而成的，因此最古老的岩石一般都在最下層，而最年輕的則

第四紀（Quaternary Period）：許多哺乳動物在冰期滅絕；人類開始進化。

第三紀（Tertiary Period）：大型哺乳動物開始出現；鳥類繁盛；碧草盈野。

白堊紀（Cretaceous Period）：有花植物首次出現；恐龍滅絕。

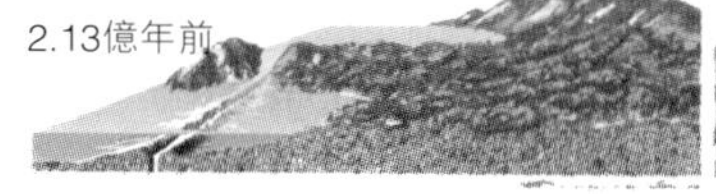

侏儸紀（Jurassic Period）：恐龍漫山遍野；始祖鳥出現，這是已知最早的鳥類。

三疊紀（Triassic Period）：哺乳動物開始出現；種子植物遍地；歐洲板塊尚在熱帶。

二疊紀（Permian Period）：針葉樹作為高大的喬木取代蕨類植物；觸目皆是荒漠。

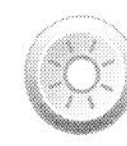

在最上層，除非它們被弄得紊亂了。岩層自上而下有序排列，構成地質柱狀剖面（geological column）。

- **通過尋找特定的化石，**地質學家能夠判定一個岩層是否比另一個古老。
- **化石**只能表明一塊岩石比另一塊古老還是年輕，並不能斷定其年代。另外，許多岩石，比如火成岩，就不包含化石。為了進行明確的斷代，地質學家可以使用放射性碳測年（radiocarbon dating）的方法。
- **放射性碳測年方法**可以測定地球上最古老的岩石的年代。一些特定的物質，譬如鈾和鋤，在岩石中形成後，其原子會緩慢地裂變為不同的原子。當原子裂變時，會釋放出射線，或稱輻射線。通過測定岩石中有多少原子發生了變化，地質學家就能計算出岩石的年齡。
- **地質柱狀剖面的先後次序被破壞，**被稱為“不整合”（unconformity）。

石炭紀（Carboniferous Period）：溫暖的沼澤地廣佈，長滿蕨類植物，這些植物後來形成煤；爬行動物開始出現。

泥盆紀（Devonian Period）：昆蟲和兩棲動物開始出現；蕨類植物和蘚類植物出現，均高大如喬木。

志留紀（Silurian Period）：陸生植物初現；魚類生有下頜，並出現了淡水魚。

奧陶紀（Ordovician Period）：早期脊椎動物出現，外觀像魚；撒哈拉地區還被冰川覆蓋。

寒武紀（Cambrian Period）：陸地上沒有生命，但是海洋中介殼類動物繁盛。

前寒武紀：最早的生命形態（細菌）出現，並向空氣中釋放氧。

地球之形狀

- **關於地球形狀**的研究，叫作大地測量學（geodesy）。在過去，大地測量是建立在陸地勘察基礎上的。現在則是衛星唱主角。
- **地球**並非一個完美的圓形。它呈一個特殊的形狀，稱作“地球形”（geoid），這意味着地球是有特定形狀的。
- **地球**在赤道旋轉得要比在兩極快，這是因為赤道離地球的旋轉軸要遠些。
- **地球**在赤道上以極快的速度旋轉，使得它在赤道上向外鼓起，而在兩極要扁些。
- **1687年，**伊薩克·牛頓（Isaac Newton）預言了“赤道隆起”現象的存在。

▲ *古希臘人早已意識到地球是圓形的。衛星測量表明，地球並非完美的圓形。*

- **在牛頓預言後70年，**“赤道隆起”現象得到確認——兩支法國勘測隊，一支在秘魯，由拉·康達敏（Charles de La Condamine）率領，另

一支在拉普蘭（Lapland），由皮埃爾·毛帕圖（Pierre de Maupertuis）主導，共同證實了這一現象的存在。

- **在赤道上，**地球的直徑是12,758千米，這比從北極到南極的豎向直徑要長43千米。
- **在赤道上，**地球半徑的正式測量數值是6,376,136米，誤差為±1米。
- **1976年發射**的Lageos（激光地球動力）衛星已經極端精確地測量到不同地區的重力差異。它發現了高達100米的受壓凸起地帶，這在印度南部非常明顯。
- **Seasat海洋衛星**證實海平面也呈地球形。該衛星對海平面的高度進行了數百萬次的測量，精確度極高，誤差僅有幾厘米。

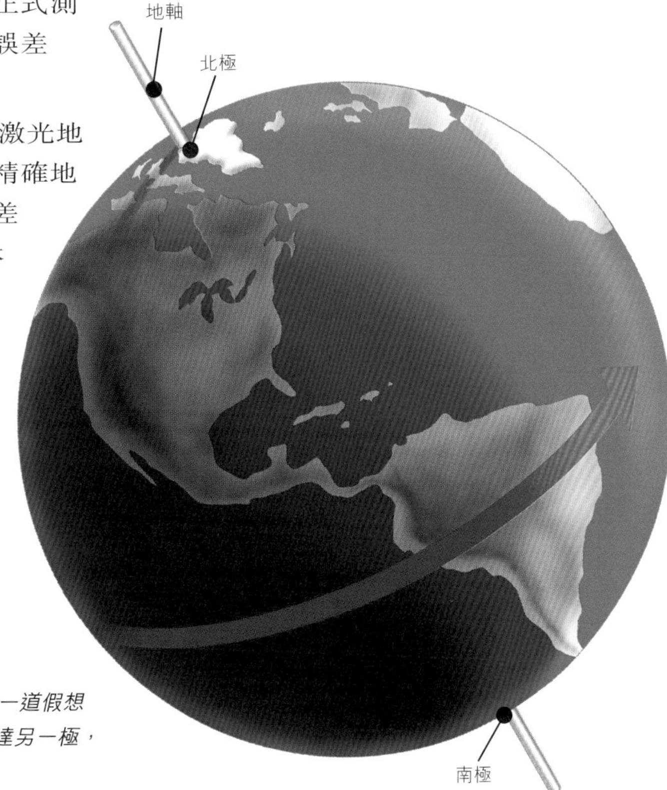

▶ *地球繞着它的地軸旋轉。地軸是一道假想的直線，從地球的一極穿過地心直達另一極，呈23.5°角傾斜。*

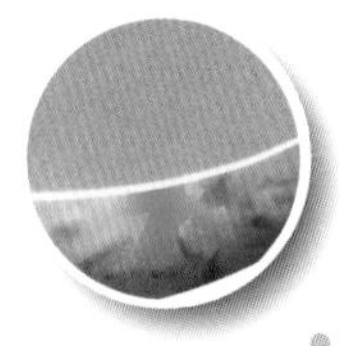

地球之化學成分

- **地球的主要成分**是鐵、氧、鎂和硅。
- **在地球及其大氣中，**有八十多種化學成分是自然生成的。
- **地殼的主要成分**是氧和硅，還有鋁、鐵、鈣、鎂、鈉、鉀、鈦，以及其他64種微量元素。
- **上地幔**由硅酸鐵和硅酸鎂構成；下地幔由硫化硅、硫化鎂以及一些氧化物構成。
- **地核**主要由鐵構成，也含有少量的鎳，以及微量的硫、碳、氧和鉀。
- **關於地球化學成分**的證據，來自藉助地震波對地球內的密度所做的分析，也來自對恆星、隕石和其他行星所做的研究。
- **當地球還處於半熔狀態時，**密度大的元素，比如鐵，下沉並形成地核；密度小的元素，比如氧，上浮並形成地殼。

▲ *在澳大利亞發現的鋯石晶體，形成於42.76億年前——是地殼中已發現的最古老的構成成分。*

- **一些重元素，**比如鈾，沉積在地殼中，是因為它們容易與氧和硅化合。

- **容易與硫化合**的很多元素，比如鋅和鉛，則分佈在地幔中。
- **與鐵化合的元素，**比如金和鎳，則深陷在地核裡。

▼ *這個示意圖展示了構成地球的各種化學成分的百分比。*

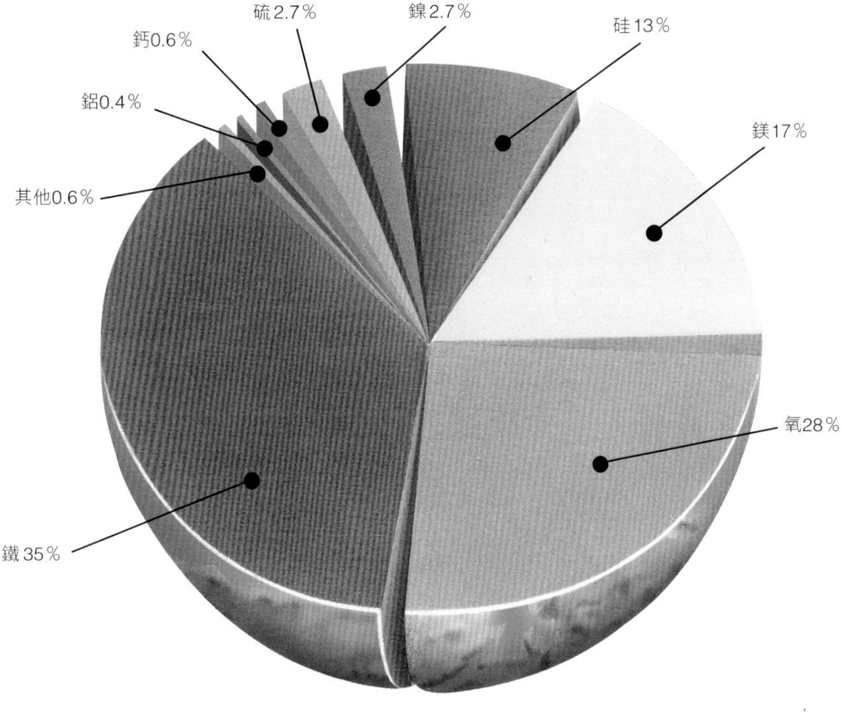

硫2.7%
鎳2.7%
鈣0.6%
硅13%
鋁0.4%
鎂17%
其他0.6%
氧28%
鐵35%

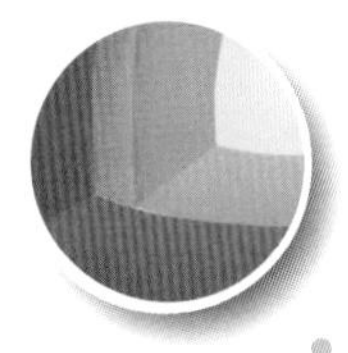

地球之內部構造

- **地球的外殼**（見“地殼”）是一層薄薄的堅硬岩石，只有一二十公里厚。它之於地球的相對厚度，大略與蘋果皮之於蘋果相當。
- **在地殼的下面，**是一個厚厚的、熾熱的、軟塌塌的岩石層，稱作地幔（見“地核和地幔”）。
- **地殼和上地幔，**依據其硬度，可以分為三層：岩石圈（lithosphere）、軟流圈（asthenosphere）和中間圈（mesosphere）。
- **在地幔之下，**是極熱的鐵和鎳構成的地核。外核的溫度高達4,500℃到6,000℃，因此總是處於熔化狀態。內核溫度更高（達7,000℃），但呈固態，因為內核的壓力比地表高6,000倍。
- **在地球的總質量中，**內核佔1.7%，外核佔30.8%；地核—地幔邊界佔3%；下地幔佔49%；上地幔佔15%；洋殼佔0.099%，陸殼佔0.374%。
- **衛星測量非常精確，**它們能觀測到地球表面細微的凹凸起伏。這些凹凸起伏顯示了地球引力在不同地方的強弱，因為這些地方的岩石密度是不同的。地球引力的差異，解釋了地幔熱柱（mantle plume）（見“熱點火山”）等現象。
- **我們**關於地球內部結構的認識，主要來自對地震波如何穿過不同種類的岩石所作的研究。

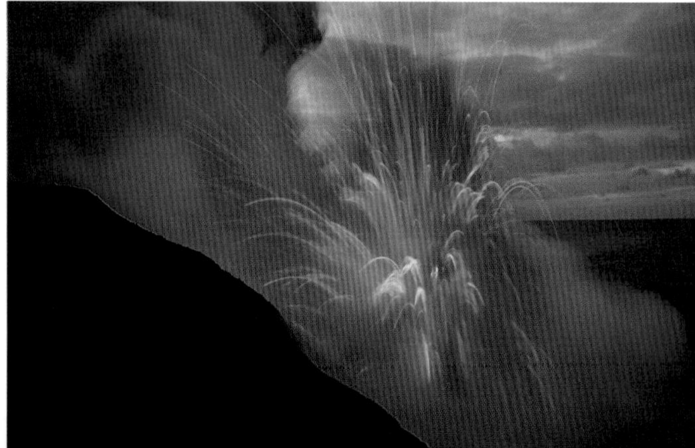

▶ *地球內部熾熱的物質常常從火山口噴發到地表。*

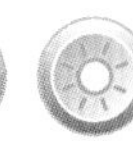

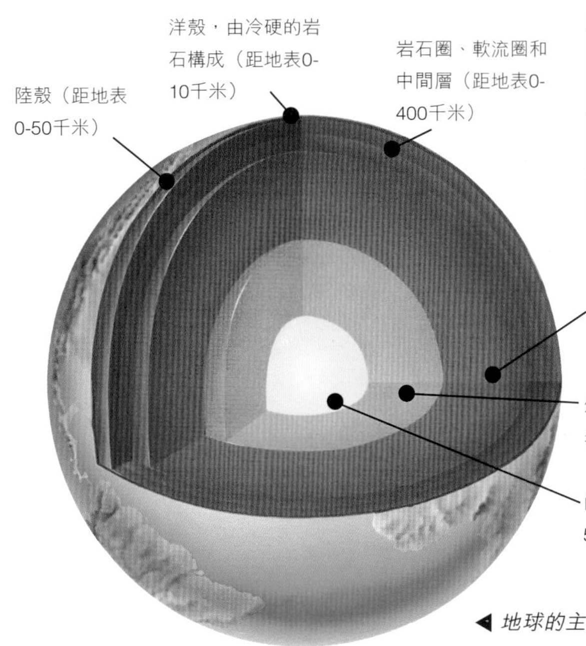

◀ *地球的主要地質層。*

有趣的事實

地球上最深的鑽孔，位於俄羅斯北極地區的科拉半島（Kola Peninsula），它深入地殼只有12千米。

- **分析地震波**如何偏轉，可以揭示不同的物質在地球內部的分佈。S波（橫波）只能穿過地幔。P波（縱波）則還能穿過地核。穿過地核的P波發生偏轉，留下一個震波陰影帶（shadow zone）——在這個陰影帶中，任何地震波都不能到達地球的另一端。
- **地震波的速度**可以揭示岩石的密度。冷而硬的岩石傳遞地震波要比熱而軟的岩石迅速。

岩石圈

- **岩石圈**是地球堅硬的外層，包括地殼和地幔的上部分（見“地核和地幔”），大約有100千米厚。
- **岩石圈**是憑藉“地震學”（seismology）發現的，方法是監測地震產生的震動模式。
- **快速震動**的地震波顯示，地幔的上部和地殼一般地堅硬，儘管它們在化學成分構成上不同。
- **岩石圈**的意思是“岩石組成的球體”。
- **岩石圈**斷裂成20個左右的板塊，稱為構造板塊。大陸就位於這些構造板塊上。
- **在岩石圈，**每往下深入1,000米，溫度就升高35℃。
- **在岩石圈以下**的地幔中，有軟流圈，它由軟而熾熱的岩石構成（見“地球之內部構造”）。
- **當溫度**升到1,300℃以上時，岩石圈和軟流圈之間才會出現分界。

▲ *地球堅硬的岩石表面，由岩石圈 20個左右高強度、高硬度的板塊組成。*

- **在海洋的中部，**岩石圈只有幾千米厚。在這些地方，緊貼地表的地幔溫度是1,300℃。
- **在大陸地表下，**岩石圈最厚——達120千米左右。

▲ *地殼很薄，由很多岩石組成。所有的陸地，不論濕地還是旱地，包括洋底，都是地殼的組成部分。*

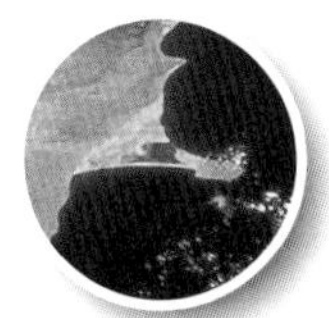

地殼

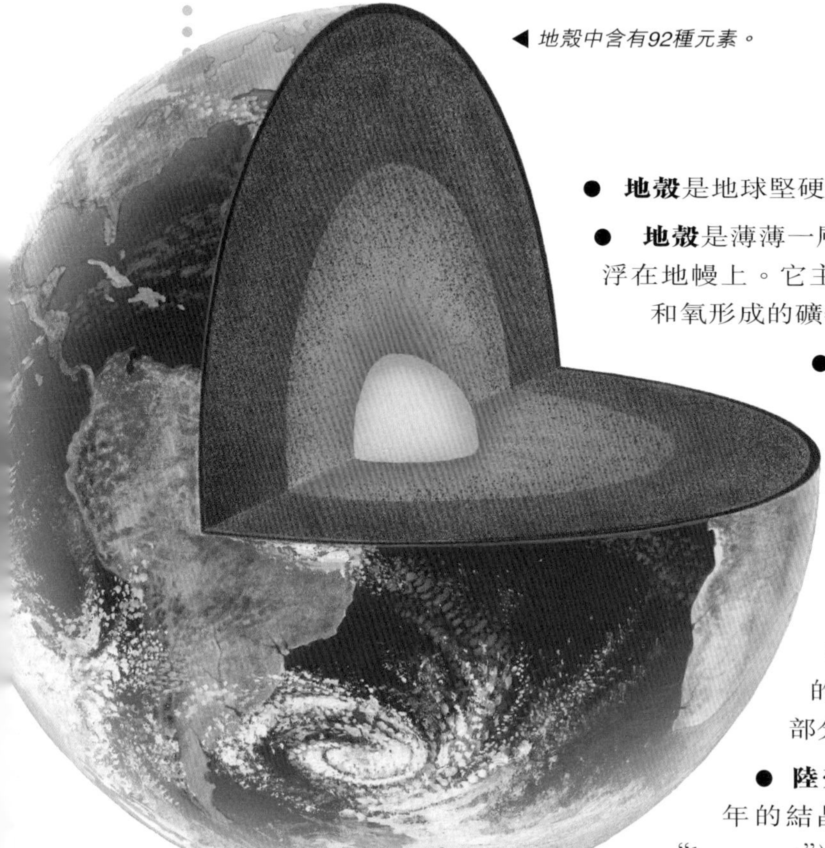

◀ *地殼中含有92種元素。*

- **地殼**是地球堅硬的外殼。
- **地殼**是薄薄一層高密度的固體岩石，漂浮在地幔上。它主要由硅酸鹽礦物質（硅和氧形成的礦物質），比如石英構成。
- **地殼**分為兩種：洋殼和陸殼。
- **洋殼**是海洋下面的地殼。它比陸殼薄很多——平均厚度只有7千米；也很年輕，沒有一處超過2億年。
- **陸殼**是位於大陸底下的地殼，厚達80千米，大部分都很古老。
- **陸殼**主要由年齡高達38億年的結晶“基底”（crystalline “basement”）岩石構成。一些地質學家認為，這種岩石，至少有一半的年齡超過25億年。

 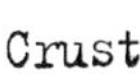     

- **據估計，**每年可能生成的新陸殼大約有一立方千米。
- **“基底”岩石**主要有兩層：上半層是富含二氧化硅的岩石，比如花崗岩、片岩和片麻岩；下半層是火山岩，比如含二氧化硅較少的玄武岩。洋殼主要由玄武岩組成。
- **陸殼**形成於“潛沒帶”（subduction zone）上的“火山弧”（volcanic arc）中（見“板塊聚合”）。在數十萬年的時間裡，熔融的岩石從潛沒的板塊滲到地表。
- **地殼和地幔**之間的界面，叫作莫霍不連續面（Mohorovicic discontinuity）。

▶ *“非洲之角”和紅海的連接地帶，是地球薄薄的洋殼斷裂、移動而形成的地方之一。紅海因此正在緩慢地變寬。*

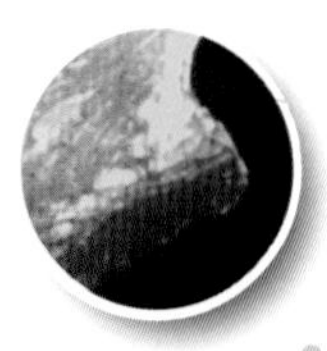

地核和地幔

- **地幔**是地球內部構造的主要部分，大約從地下10–90千米處向下延伸到2,890千米深處。
- **由淺及深，**地幔的溫度穩步升高，直達3,000℃。
- **地幔的岩石**非常熱，緩慢地翻騰，就像爐子上極稠極稠的沸騰的糖漿。這一運動被稱為地幔對流（mantle convection current）。
- **地幔岩石**的運動，比廚用鬧鐘時針的轉動，要慢上10,000倍。溫度較低的地幔岩石，要經歷大約2億年才能完全沉到地核。
- **靠近地表，**地幔岩石會熔化成滾滾的岩漿，滲過上面的地層噴出地表，就像海綿裡被擠壓出的油一樣。
- **地幔和地核之間**的界面（見"地球之內部構造"），叫作地核—地幔邊界（CMB）。
- **地核—地幔邊界**厚約250千米。其間發生着劇烈的變化，其激烈程度遠甚於大地與天空之間的邊界。
- **在地核—地幔邊界，**溫度驟然升高1,500℃。
- **在地核—地幔邊界，**地核與地幔之間的密度差異，是岩石與空氣之間密度差異的兩倍。

▶ *地幔的岩石時常會熔化成滾滾的岩漿，沿着構造板塊的邊緣匯集，然後湧向地表，以火山噴發的形式沖出地表。*

有趣的事實

科學家已經在地核—地幔邊界發現了與地表大陸相對應的“反大陸”(anti-continent)。

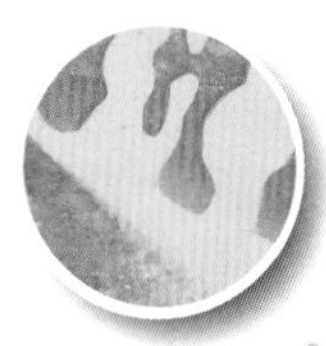

板塊聚合

▲ *潛沒帶的火山，通常活動極其劇烈。這是因為岩漿向上突破陸殼時，混雜了其他的成分。*

- **在全世界**很多地方，構成地殼（地球最外層）的構造板塊，一直在緩慢地移動碰撞，產生巨大的力量。
- **大西洋**正在變寬，推動美洲進一步向西移動。但是地球並沒有變大，因為當美洲板塊碰撞到太平洋板塊時，比較薄、密度比較大的海洋板塊俯沖到熾熱的地幔中，並被消融掉。
- **海洋板塊**俯沖到地球內部的過程，叫作"潛沒"（subduction）。
- **潛沒**生成的海溝，在板塊碰撞的地方一般深達6-7千米。馬里亞納海溝便是其中之一，它可以把珠穆朗瑪峰完全浸沒，水平面還能比珠峰高2千米。

有趣的事實

潛沒活動在太平洋周圍生成了一個環狀火山帶，稱作"火環"（Ring of Fire）。

- **海洋板塊**潛沒到地幔中，就會斷裂。這些斷裂活動會引發源於700千米深處的地震。這些地震帶被稱為"畢烏夫—華達梯地帶"（Benioff-Wadati zone）——20世紀50年代，畢烏夫（Hugo Benioff）發現了這些地帶，所以被這麼命名。
- **海洋板塊**俯沖而下，熔融並產生大量的岩漿。這些岩漿上浮，沖破地表，沿大陸板塊的邊緣形成火山帶。

- **如果潛沒帶的火山**在海洋中爆發，就會形成一線弧行的火山島，叫做島弧。島弧外圍會出現反弧形的海盆，形成一個淺海區，這些區域慢慢地會盛滿沉積物。
- **當潛沒的板塊下沉**時，大陸板塊會從海洋板塊上刮走沉積物，並把它們堆積成一個巨大的楔狀岩層。在這個楔狀岩層和島弧之間，可能會出現一個前弧形的海盆，這也是一個淺海，慢慢地會有沉積物堆積。
- **當兩個大陸板塊碰撞時，**板塊會裂為兩層：下層是高密度的地幔岩石；上層是低密度的地殼岩石，浮力很大，不會潛沒。當地幔岩石下沉時，地殼岩石會脫離地幔岩石的表面，並隨着地幔岩石起皺，形成褶皺山（見“山脈”）。

▼ *這是厚達1,000千米的地表剖面圖。它顯示一個潛沒帶，其中海洋板塊在大陸板塊下被擠壓，變形。*

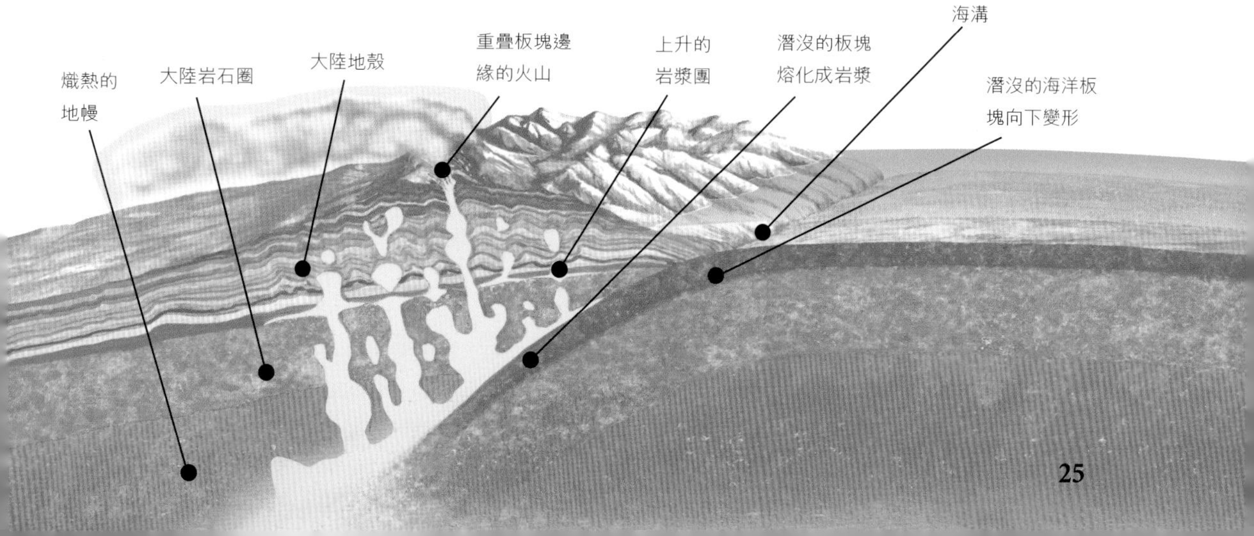

板塊背離

- **在洋底深處，**地殼的一些構造板塊在緩慢地背離。新熔化的岩石上湧，從地幔湧到板塊之間的縫隙，然後凝固在板塊的邊緣。當板塊在潛沒帶被消熔時，新的板塊就在洋底擴張。
- **洋底的擴張**以某些海洋中部深處的山脊（即大洋中脊）為中心展開。這類中脊，有些綿亘不絕，成為地球上最長的山脈，在洋底蜿蜒達60,000多公里。
- **大西洋中脊**貫穿整個大西洋，從北極一直延伸到南極。東太平洋隆起帶在太平洋底迤邐而進，從墨西哥一直延展到南極洲。
- **沿着大洋中脊**的中線，是一道深深的峽谷。就是在這裡，熔融的岩石從地幔湧上海床。

▼ 這是厚達50千米的地表剖面圖，顯示洋底由大洋中脊擴張的區域。

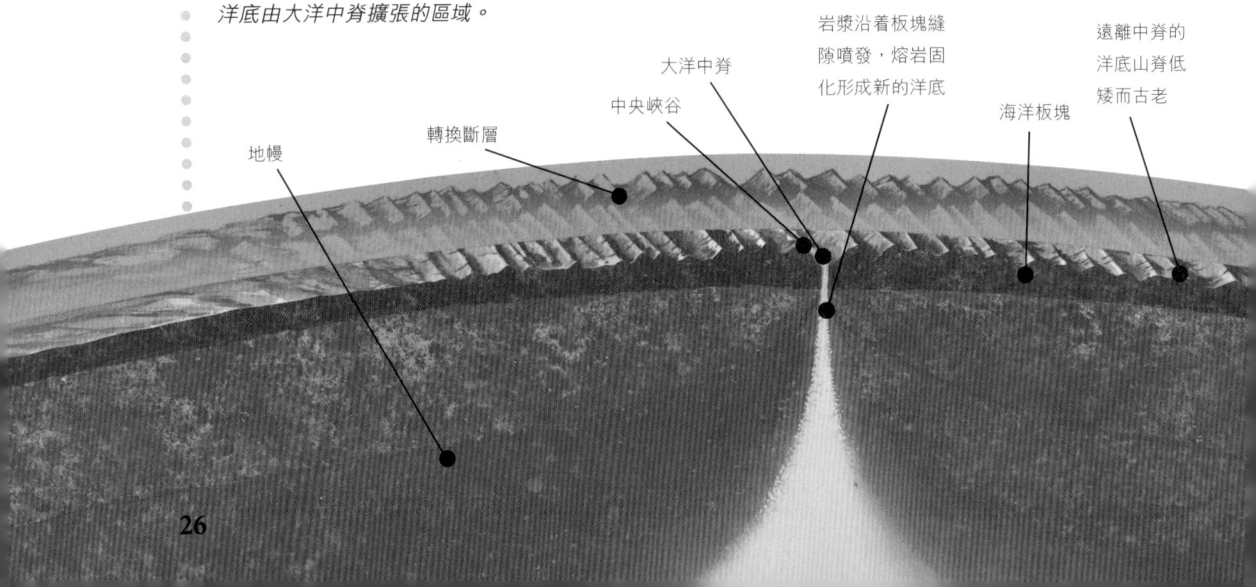

- **因為地球表面呈弧形，**大洋中脊斷裂成短的山脊，呈梯狀排列。每一段山脊都由一段長長的側向的裂縫區分開來，稱作“轉換斷層”。當洋底由中脊擴張時，斷層面互相摩擦，引發地震。
- **熔融的岩石**從中脊噴發出來並凝固時，其中的磁性物質以特定的方式凝固，與地球的磁場一致。由於地球磁場時常倒轉方向，眾多的磁性物質在凝固時會有不同的磁化方向。這意味着科學家們能夠了解洋底在過去是如何擴張的。

▲ *與潛沒帶生成爆發性火山不同，板塊斷裂生成的火山只是緩慢地滲出熔岩。這種情況在洋面上很少發生。*

- **洋底擴張的速度**不盡相同，每年從1厘米到20厘米不等。擴張緩慢的中脊，比如大西洋中脊，要高挺得多，因為有海峰立在中脊上。擴張迅速的中脊，比如東太平洋隆起帶，則要低矮一些，岩漿從這些中脊慢慢溢出來，就像地表的裂縫火山（fissure volcano）。
- **熾熱的岩漿**沿着大洋中脊上升，成為熾熱的熔岩。當它與冰冷的海水相遇，就會凝固成一團，形成枕狀熔岩（pillow lava）。
- **在地幔熱注**（見“熱點火山”）突破地幔上升，融入海床時，也能形成大洋中脊。

有趣的事實

在大洋中脊，每年生成約10立方千米的新地殼。

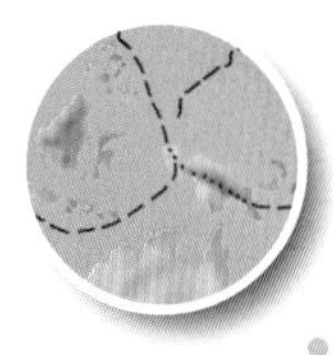

構造板塊

- **地球表面**分裂成一些板塊，叫做構造板塊。每一個板塊都是地球堅硬外殼或岩石圈的一塊碎片（見"岩石圈"）。
- **大板塊**有16塊，還有幾個小板塊。板塊大約有100千米厚，但厚度會有所變化，從8千米到200千米不等。
- **最大的板塊**是太平洋板塊，承托着整個太平洋。太平洋佔全世界海洋面積的一半。
- **構造板塊**一直在移動——速度大約是每年10厘米。在數億年的時間裡，它們移動了很長的距離，有的甚至漂過了半個地球。
- **大陸**嵌在板塊的頂端，因此，板塊移動時，大陸也隨之移動。
- **太平洋板塊**是唯一沒有承載大陸的大板塊，佔地表面積的三分之一。
- **構造板塊**的移動，解釋了很多現象，包括全世界火山和地震活動的模式。

▲ *太平洋板塊位於太平洋洋底，是最大的構造板塊。*

- **板塊之間**的邊界有三種類型：聚斂型（convergent）、背離型（divergent）和轉換型（transform）。
- **構造板塊**可能會受到熔融岩石對流的推動，這種對流分佈在地幔內（見“地核和地幔”）。
- **5億年前，**岩石圈對於構造板塊來説是太薄了。

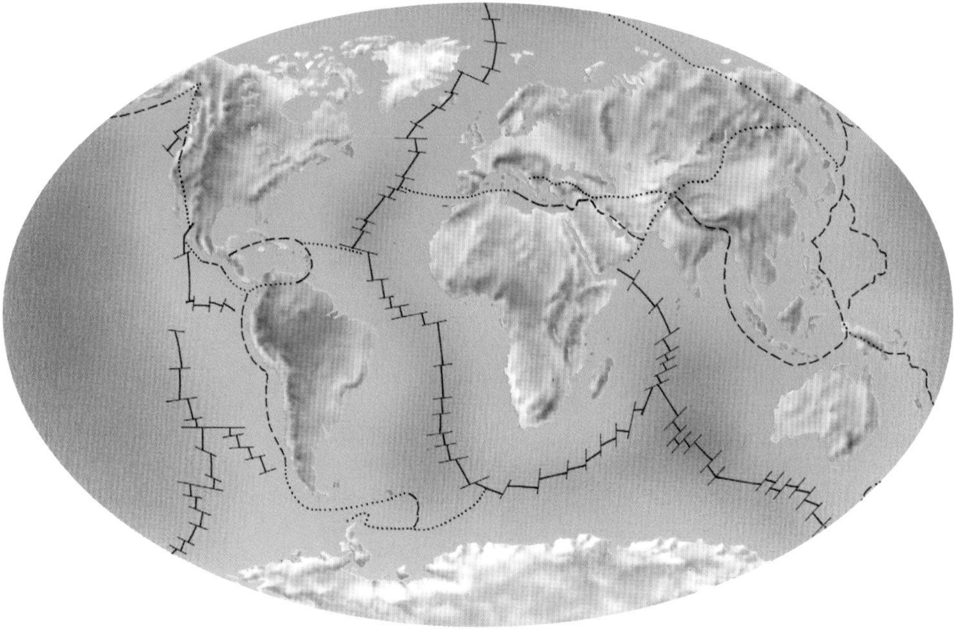

▲ *這幅地圖顯示了板塊之間一些齒狀邊界。*

斷層

- **斷層**即岩石中的裂縫，大段的岩石沿着它彼此錯位滑動。
- **斷層**通常形成於斷層帶（fault zone），而斷層帶往往在構造板塊之間的交界處。斷層通常是地震的產物。
- **單次的地震**很少使岩塊移動幾厘米。小型的復震卻能夠把岩塊移動數百公里。
- **擠壓斷層**（compression fault）是岩石彼此擠壓形成的斷層，板塊聚合也可能形成這種斷層。
- **張斷層**（tension fault）是岩石彼此牽引形成的斷層，板塊背離也可能形成這種斷層。
- **正斷層**（normal fault），或稱傾向滑斷層（dip-slip fault），是岩石出現裂縫並垂直向下滑動形成的張斷層。

▲ *與大多數斷層不一樣，位於加利福尼亞州的聖·安得烈斯斷層（San Andreas Fault）在地球表面就清晰可見。*

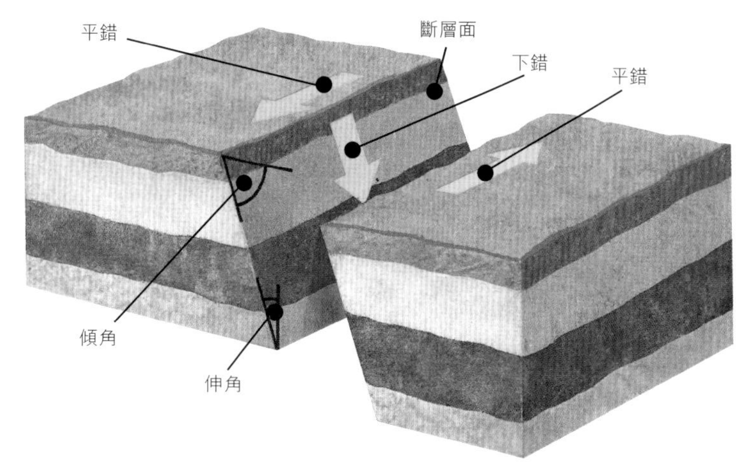

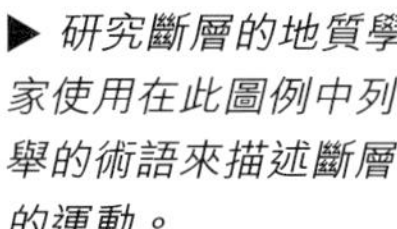

▶ *研究斷層的地質學家使用在此圖例中列舉的術語來描述斷層的運動。*

- **扭斷層**（wrench fault），或稱捩斷層（tear fault），是板塊彼此滑動時引發岩塊水平滑動產生的。
- **大型的扭斷層，**比如美國加利福尼亞州的聖· 安得烈斯斷層，被稱作“橫推斷層”（transcurrent fault）。
- **裂谷**（rift valley）是由斷層形成的巨大槽形峽谷，比如非洲大裂谷。谷底是下錯的岩塊，叫作地塹（graben）。一些地質學家認為這是張斷層產生的，另外一些則認為是擠壓斷層產生的。
- **地壘**（horst block）是在正斷層之間的上錯岩體，常常形成高原。

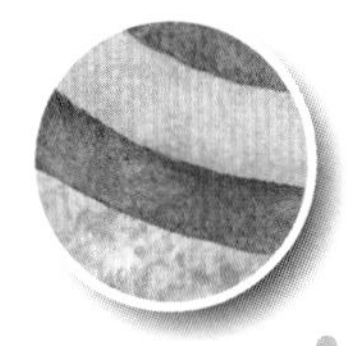

褶皺

- **岩石**通常形成扁平的地層（strata）。構造板塊互相碰撞（見“板塊聚合”），產生巨大的力量，使得這些地層向上皺起。
- **有時，**褶皺只是一些細小的“皺紋”，才幾厘米長。有時則非常龐大，兩個頂部（褶皺的最高點）之間距離長達數百公里。
- **褶皺的形狀，**由擠壓它的力量以及岩石的阻力來決定。
- **褶皺的傾斜面**稱“傾向坡”（dip）。傾向坡的方向就是褶皺傾斜的方向。
- **褶皺的走向**（strike）與傾向坡成直角。它是褶皺的水平定線。
- **有些褶皺**在它們自身上翻轉，形成上翻褶皺，稱做“推覆體”(nappe）。
- **當一些推覆體**在另一些推覆體上交疊時，皺起的地層就會堆積起來，形成山脈。

◀ 歐洲的阿爾卑斯山是褶皺山。它是在兩個地球板塊碰撞時形成的。這次碰撞使得岩層向上皺起，形成褶皺。

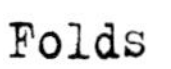

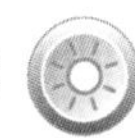

- **向下褶皺，**稱為“向斜”（syncline）；地層向上起皺，形成弓形，稱為“背斜”（anticline）。
- **褶皺軸面**（axial plane）將褶皺分為兩半。

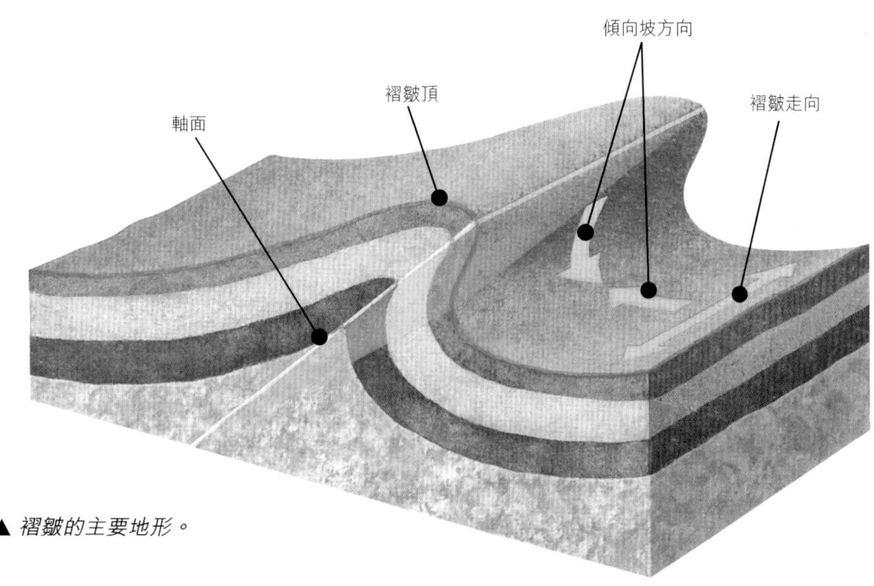

▲ *褶皺的主要地形。*

有趣的事實

世界上的大部分石油是從埋藏在背斜地帶的儲集層中開採出來的。

岩石

▲ *多佛附近的肯特海岸因其由白堊構成的白色懸崖而享有盛名。*

- **地球上**已知最早的岩石，是39億年前形成——它們是來自加拿大的阿卡斯塔（Acasta）片麻岩。
- **岩石**主要有三種：火成岩、沉積岩、變質岩。
- **熾熱的熔融岩漿**或者熔岩冷卻並凝固時，就會形成火成岩。

- **火山岩**（Volcanic rocks），譬如玄武岩，屬於火成岩，是火山中噴發出來的熔岩形成的。
- **變質岩**（Metamorphic rocks）是指在過去相當長的時間內發生了變化的岩石，比如由於岩漿產生巨大的熱量而變為大理岩的石灰岩。
- **沉積岩**（Sedimentary rocks），是由緩慢凝固的沉積物在地層形成的岩石。
- **有些沉積岩，**比如砂岩，是砂土和泥沙形成的。其他種類的岩石受氣候和侵蝕作用的影響，破裂成砂土和泥沙。
- **大多數沉積物**是在海床上形成的。河流把泥沙沖刷挾裹到海床上。
- **石灰岩和白堊**屬於沉積岩，主要是由海洋生物的殘骸形成的。

▶ *岩石在不斷地循環，無論是由火山形成的，還是由沉積物形成的，所有的岩石都會受氣候和侵蝕作用的影響，被分解成砂土。砂土儲集在海床和河床上硬化，形成新生的岩石。這一過程就是岩石循環。*

化石

▼ 科學家研究化石，以了解地球的歷史和生活在數百萬年前的動植物。

- **化石**是保存了數百萬年的生物殘迹，通常保存在石頭裡。
- **大多數化石**是生物的殘骸，比如骨頭、殼、卵、葉和種子。
- **足迹化石**是生物留下來的印迹的化石，比如足印和划痕。
- **古生物學家**（專門研究化石的科學家）根據化石被發現的岩層，來斷定化石的年代。另外，他們還測定，岩石自形成以來，發生了怎樣的放射性變化，這就是“放射性碳測年”。
- **最古老的化石**叫作疊層石（stromatolite）。它們是像匹薩餅一樣的大型細菌集群的化石，產生於35億年前。

▶ *動物死後，其柔軟的部分會迅速腐爛。如果它的骨頭或者殼迅速掩埋在土中，會變成石頭。甲殼類動物，比如這隻古三葉蟲（trilobite），死後沉到海床，殼被泥沙掩埋。數百萬年中海水沖刷泥土，溶解了其中的殼，但是水中的礦物質填充殼的位置，形成一塊完美的鑄型化石。*

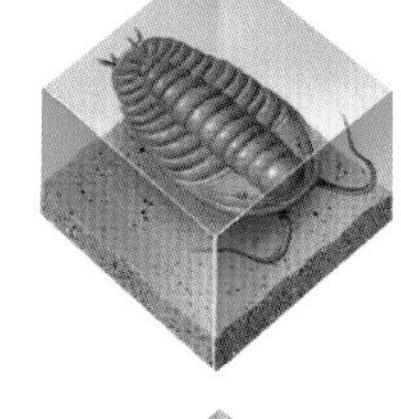
1. 很久以前，一隻三葉蟲死在洋底。

2. 這隻三葉蟲柔軟的部分最終腐爛消失。

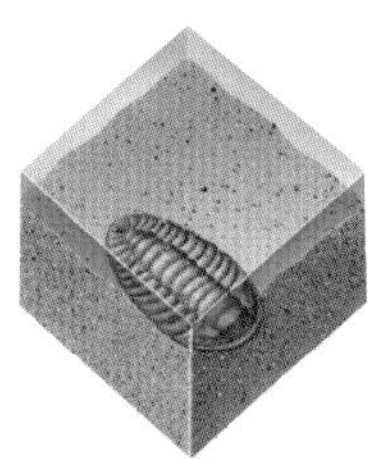
3. 它的殼慢慢地被泥沙掩埋。

4. 富含礦物質的海水溶解了殼。

5. 新的礦物質填充了其中的空隙，形成一塊化石。

- **最大的化石**是錐疊層石群（conyphyton），它們是20億年前的疊層石，有100多米高。

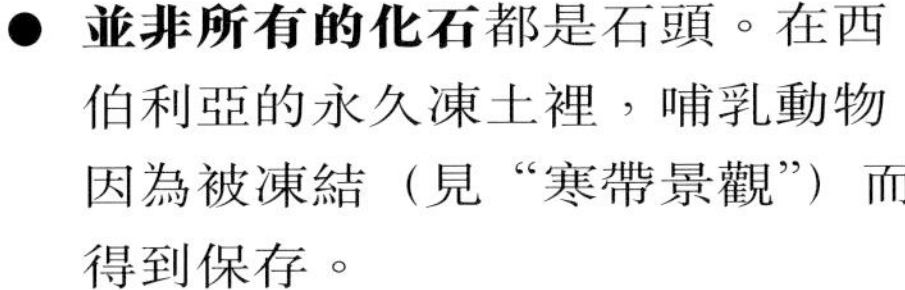

- **並非所有的化石**都是石頭。在西伯利亞的永久凍土裡，哺乳動物因為被凍結（見“寒帶景觀”）而得到保存。

- **昆蟲**則保存在琥珀中，而琥珀就是凝固的古代樹汁。

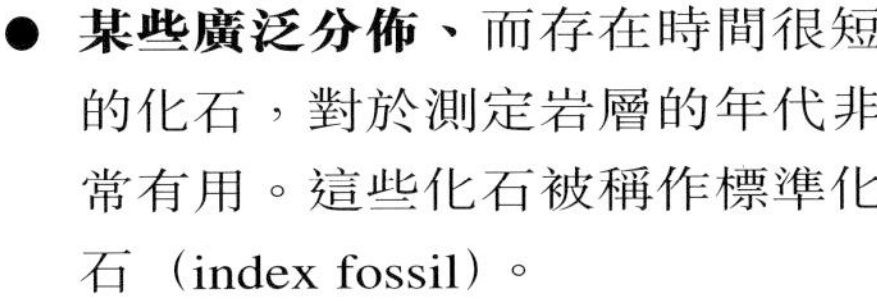

- **某些廣泛分佈、**而存在時間很短的化石，對於測定岩層的年代非常有用。這些化石被稱作標準化石（index fossil）。

- **標準化石**包括古介殼類動物，如三葉蟲、筆石（graptolite）、海百合（crinoid）、箭石（belemnite）、菊石殼（ammonite）和腕足化石（brachiopod）。

礦物

- **礦物**是構成岩石的天然化學物質。
- **除了少數礦物質外，**其它都是晶體。
- **有些岩石**是由單一礦物晶體構成的；其它岩石大多由六種甚至更多的礦物質構成。
- **大多數礦物質**由兩種甚至更多的化學元素化合而成。少數礦物質，如金和銅，只由一種元素構成。
- **礦物質**大約有2,000種，但其中非常常見的只有30種左右。
- **大多數**不太常見的礦物質只是微量地存在於岩石中。受地質過程的影響，它們在某些地方會很集中。
- **硅酸鹽礦物**是由金屬和氧、硅結合而成的。硅酸鹽礦物比其它所有礦物的總和還要多。
- **最常見的硅酸鹽**是石英和長石，這是形成岩石的最常見的礦物質。它們是花崗石和其他火山岩中的主要成分。

石英

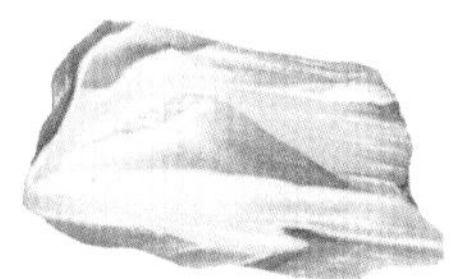

方鉛礦

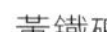

黃鐵礦

▶ *礦物包括常見物質，如岩鹽，也包括稀有礦物，如金和寶石。*

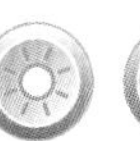

▶ *在每個岩層中，色彩豐富的區域，明確顯示岩石中蘊藏着不同的礦物質。*

- **其它常見**的礦物質包括：氧化物，如赤鐵礦和赤銅礦；硫化物，如石膏和重晶石；碳酸鹽，如方解石和霰石。
- **有些礦物**由地球內部的熾熱熔融的岩石形成；有些是由被地下液體溶解的化學物質形成的；還有一些是在轉化成其他礦物質的過程中形成的。

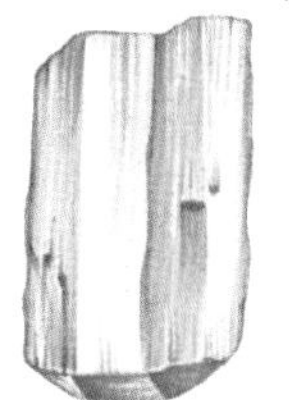
石膏

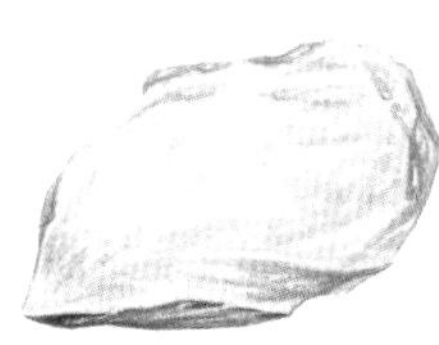
重晶石

方解石

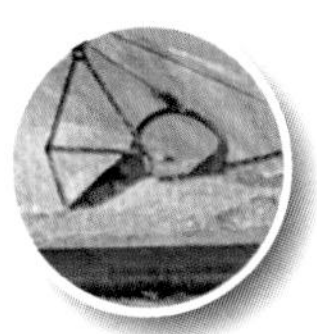

礦產資源

▲ *大批的物質，比如水泥、礫石、黏土，都是從地表直接大量挖取，用於建築。*

- **地球表面**蘊藏着豐富的礦產資源，包括用來燒製磚塊的黏土，和珍貴的寶石，如紅寶石和鑽石。
- **礦物燃料**指石油、煤和天然氣。
- **礦物燃料**是由生活在幾百萬年前的動植物殘骸形成的。在高溫和高壓的作用下，這些殘骸變成燃料。
- **煤**是由3億年前石炭紀生長在大型沼澤地的植物形成的。
- **石油和天然氣**是由生長在溫帶海洋中的小型植物和動物殘骸形成的。
- **礦石**是用來提煉金屬的礦物質。鋁土礦是用來冶煉鋁的礦石；黃銅礦用來冶煉銅；方鉛礦用來冶煉鉛；赤鐵礦用來冶煉鐵；閃鋅礦用來冶煉鋅。
- **礦脈**呈狹窄的管狀，由富含礦物（如金和銀）的岩石組成。地下的火山物質化成熾熱的液體，由岩石縫隙向上滲透，便會形成礦脈。

▲ *露天開採是我們從地球獲取礦產一種方法。這些礦產包括鹽、金、鑽石、煤、礫石和鐵。*

- **礦產資源**可以通過研究岩層找到，通常藉助衛星勘測和採取岩石樣品。
- **地球物理勘探**是採用物理學的方法——通過找出岩石的導電性、磁性、重力或含水量的變化，來尋找礦產。
- **反射法勘探，**試圖使用聲音振動（sound vibration）來尋找礦產，而這聲音振動通常是由地下爆破製造的。

寶石與晶體

- **寶石**是色彩繽紛、光澤耀目的礦物晶體。
- **礦物**共有3,000多種，但是寶石只有130種，其中又只有約50種是常用的。
- **最少見的寶石**叫作珍貴寶石（precious gem），包括鑽石、祖母綠和紅寶石。
- **次一級的寶石**叫作“半寶石”（semi-precious gem）。
- **寶石的重量**以克拉（carat）計算。一克拉等於1/5克。一塊50克拉的藍寶石（sapphire）就已經非常大，非常寶貴了。
- **在古代，**寶石的重量是按稻子豆種子（carob seed）來計算的。“克拉”一詞來自“種子”的阿拉伯語。

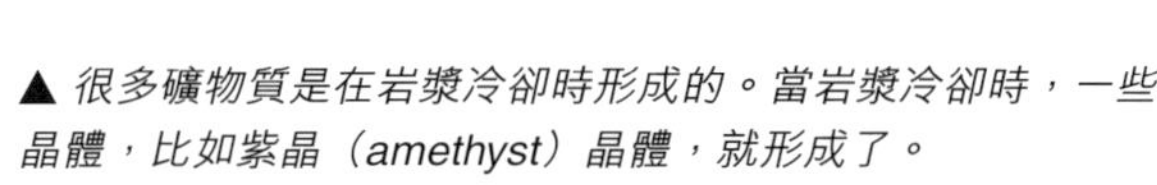

▲ *很多礦物質是在岩漿冷卻時形成的。當岩漿冷卻時，一些晶體，比如紫晶（amethyst）晶體，就形成了。*

▶ *地球上有100多種不同種類的寶石。*

鑽石

石榴石

- **寶石**通常是在冷卻中的岩漿氣泡裡形成的，這種氣泡被稱作“晶洞”。在熾熱的岩漿挾裹着礦物質，沿着岩石裂縫向上滲透，形成礦脈時，也會生成寶石。
- **岩漿冷卻時，**熔點最高的礦物質首先結成晶體。珍稀礦物質在最後才結晶，形成被稱為“偉晶岩”(pegmatite) 的岩石。這些岩石通常富含寶石，如祖母綠、石榴石、黃玉、電氣石。
- **熔點**很高、化學成分簡單的一些寶石，是直接由岩漿形成的，比如鑽石——它由純淨的碳組成——還有紅寶石。

黃玉

祖母綠

有趣的事實

鑽石是最古老的礦物晶體之一，至少有30億年的歷史。

季節

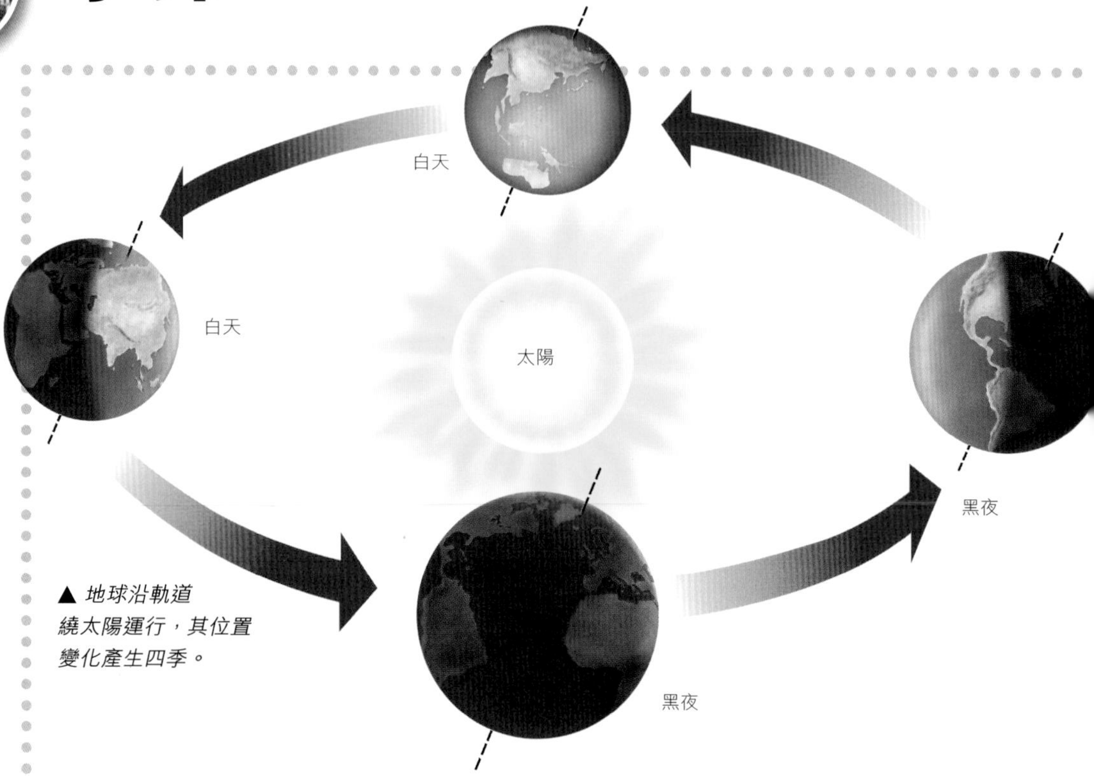

▲ *地球沿軌道繞太陽運行，其位置變化產生四季。*

- **季節**是一年之中氣候和氣溫發生變化的不同時期。
- **在熱帶以外**的地區，一年分為四季，每季長約三個月。
- **季節發生變化，**是因為地球圍繞太陽運行時地軸的傾斜角不變。
- **當地球**在太陽的一邊，北半球向太陽傾斜時，北半球是夏天，南半球是冬天。

- **當地球繞着太陽**運行四分之一的路程時，北半球開始偏離太陽。這樣在北半球形成涼爽的秋天，而南部則是春天。
- **當地球**再運行四分之一的路程，到達太陽的另一邊時，北半球偏離太陽。此時北半球是冬天，南半球是夏天。
- **當地球**繞着太陽運行了四分之三的路程時，北半球開始再次偏向太陽。北半球出現溫暖的春天，南半球則是秋天。
- **3月21日左右**和9月21日左右，全球的夜晚正好長12個小時。這兩天被稱為春分和秋分。
- **夜晚**開始再次變短的那一天，叫作夏至。這一天在北半球是6月21日，在南半球則是12月21日。
- **熱帶地區**的許多地方，只有兩個季節——濕季和乾季，每季長達6個月。

▲ *在秋天，落葉喬木的葉子改變顏色，然後落下，迎接冬天。夜晚變得越來越涼，早晨經常會出現薄霧。*

火山

- **火山**（volcano）是岩漿（地球內部產生的火紅熾熱的液態岩石）沖出地殼並現身地表的地方。
- **"火山"**一詞來自地中海的武爾卡諾島（Vulcano Island）之名。武爾坎（Vulcan）是古羅馬的火神和煅冶之神，人們認為他用這山中的地火打造他的武器。
- **火山**有很多類型（見"火山類型"）。最有特色的是錐形的複合火山，它是由連續爆發產生的火山灰和熔岩層堆積起來的。
- **在複合火山**下面，一般都有一個巨大的岩漿存儲區，叫作"岩漿庫"（magma chamber）。在火山爆發前，岩漿聚集在其中。
- **從岩漿庫**延伸出一條狹窄的火山管，或者叫火山口，一直通到地表，並堆積以前爆發形成的錐形沉積物。
- **火山爆發時，**岩漿被火山裡面的氣體推動，沿着火山口上升。當岩漿靠近地表時，壓力下降，使得氣體溶解在岩漿中，洶湧而出。膨脹的氣體——主要是二氧化碳和水蒸氣——推動熔融的岩石上升，從火山口噴出。

有趣的事實

在土耳其的厄吾普（Urgüp），火山灰已經被噗噗上冒的濃密氣體吹攏成高高的火山錐。這個火山錐已經變硬，像巨大的鹽窖。人們把火山灰挖出來建造房屋。

   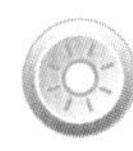  

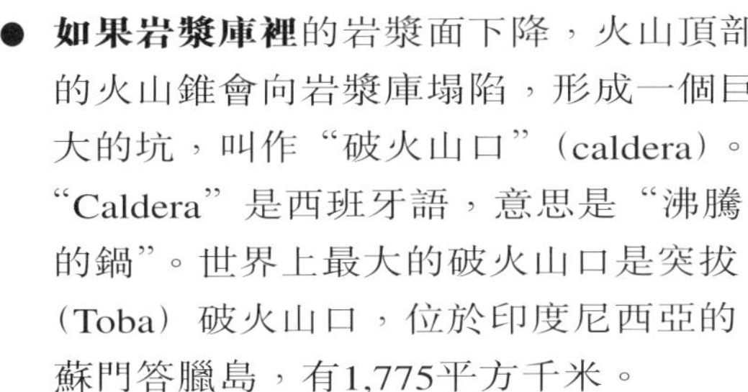

- **如果岩漿庫裡**的岩漿面下降，火山頂部的火山錐會向岩漿庫塌陷，形成一個巨大的坑，叫作“破火山口”（caldera）。“Caldera”是西班牙語，意思是“沸騰的鍋”。世界上最大的破火山口是突拔（Toba）破火山口，位於印度尼西亞的蘇門答臘島，有1,775平方千米。
- **有破火山口**的火山平靜下來後，整個火山錐都會向岩漿庫塌陷。破火山口會有水聚集，形成“火口湖”（Crater Lake），例如位於美國俄勒岡的火口湖。
- **並非所有的岩漿**都從主火山口（central vent）噴發。有的從旁岐的側火山口（side vent）排放，常常在主火山錐旁邊形成它們自己的小型“寄生”（parasitic）火山錐。

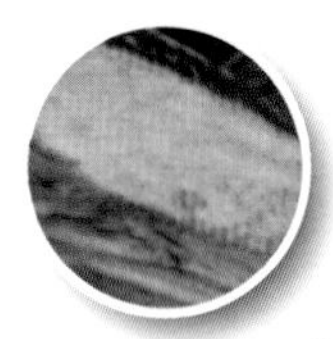

熔岩和火山灰

- **火山噴發時，**會釋放出很多熾熱的物質，包括熔岩、火山噴發碎屑、火山灰和火山氣體。
- **熔岩**是熾熱的熔融的岩石，來自地球內部。尚處於地下的時候，它被稱作岩漿。
- **火山噴發碎屑**是因火山爆發而被噴射到空中的物質。它包括火成碎屑（pyroclast，即固態熔岩）和火山彈。
- **火成碎屑**是大量堵塞在火山口的，被劇烈噴發炸碎、噴射出來的大塊火山岩。火成碎屑的截面長度一般為0.3–1米。
- **劇烈的噴發**會把重1噸以上的火成碎屑以噴氣式飛機的速度迅猛地拋向空中。

▶ *火山噴發出的火山灰會沉積下來，形成厚達幾米的火山灰層，將路面完全掩蓋。*

- **火山渣和火山礫**（lapilli）是小塊的火成碎屑。火山渣的直徑為6.4-30厘米；火山礫的直徑為0.1-6.4厘米。
- **火山彈**是在飛升過程中冷卻並硬化的大團熔融的岩漿。
- **剝層火山彈**（breadcrust bomb）是在飛升過程中延展成長形麵包狀的火山彈；裡面的氣體製造出它們的“硬皮”。
- **火山爆發**噴射出的物質，大約有90%不是熔岩，而是火山碎屑和火山灰。

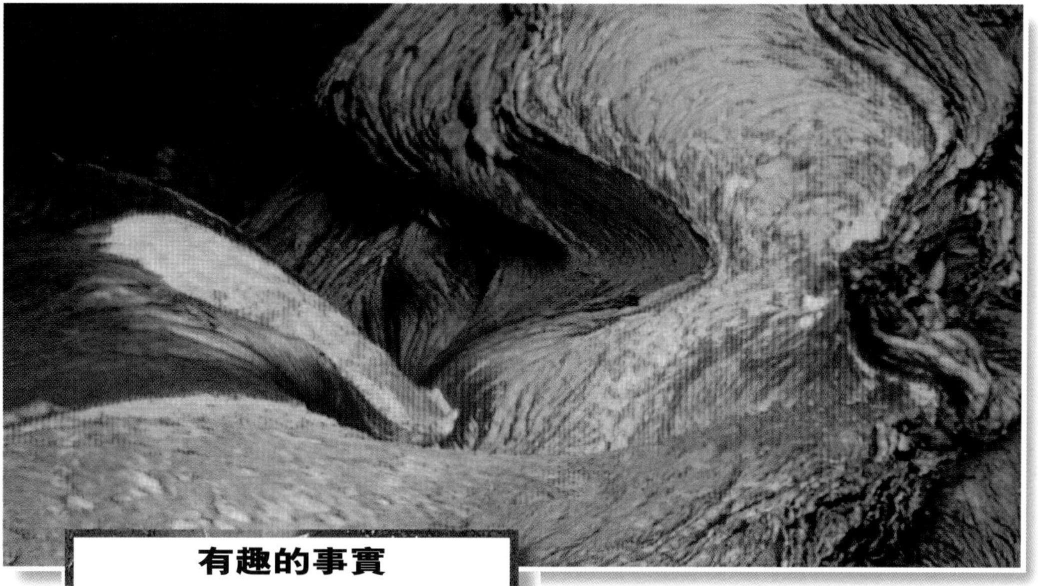

有趣的事實

“浮岩”（pumice）是由硬化的熔岩泡沫形成的——裡面滿是氣泡，以致可以漂浮在熔岩上面。

▲ *熔岩的溫度，可達到沸水溫度的12倍。*

火山類型

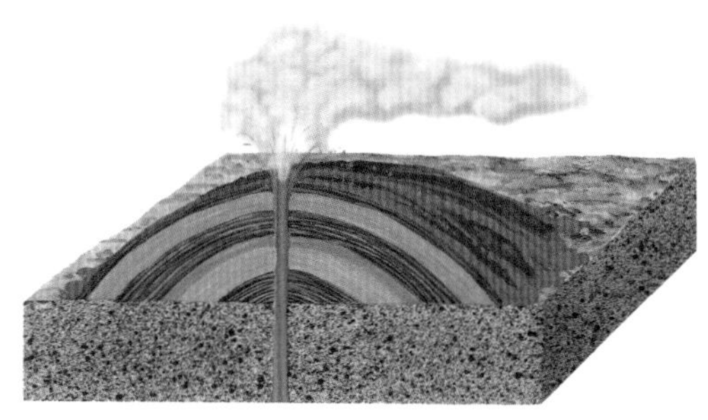

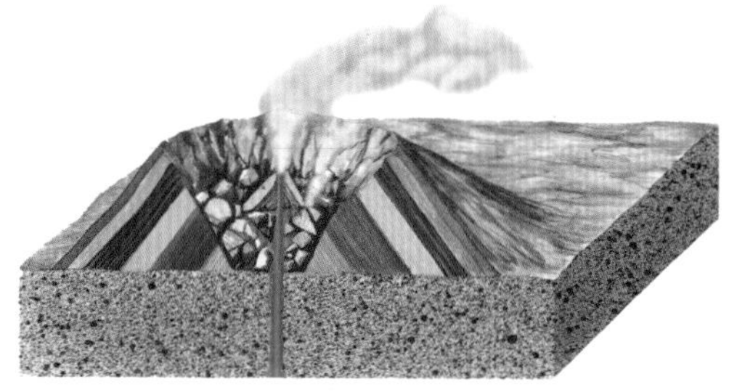

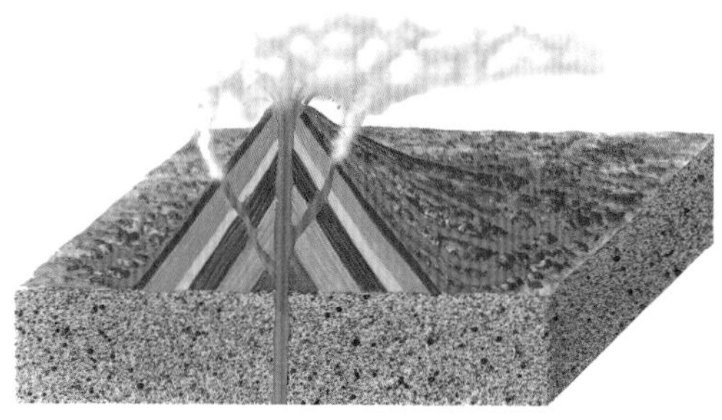

▲ *這裡描繪的火山，分別是盾狀火山（上）、環口火山（crater volcano）（中）和錐形火山（下）。*

- **每一座火山**，每一次爆發，都有些許不同。
- **盾狀火山**（shield volcano）呈覆盾形。它們是在流動性較強的熔岩蔓延到開闊地區時形成的。
- **裂縫火山**（fissure volcano）是熔岩流沿着地下的裂縫噴出地面形成的火山。
- **複合火山**（composite volcano）呈錐形。它們是連續爆發後層累而成的。
- **火山渣堆**（cinder cone）是由火山灰以及少量熔岩堆積而成的。
- **斯通博利式噴發**（Strombolian eruption）是黏稠岩漿的噴發。噴發出的熔岩結成塊狀，嘞嘞作響。
- **武爾卡諾式噴發**（Vulcanian eruption）是黏稠岩漿的爆炸式噴發。岩漿堵塞在火山口，上有砲火一樣的火山灰雲，下有黏稠的熔岩流。

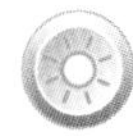

- **培雷式噴發**（Peléean eruption）產生熾熱的火山灰雲和氣體，這些噴發物被稱做熾熱火山雲（nuée ardente）（見“著名的火山噴發”）。
- **普林尼式噴發**（Plinian eruption）是最具爆炸性的噴發。公元79年，普林尼觀察了維蘇威火山（Vesuvius）如此噴發，因此得名（見“著名的火山噴發”）。
- **在普林尼式噴發中，**熾熱的氣體將火山灰雲和火山碎屑炸開，拋向同溫層（stratosphere）。

▲ *裂縫火山將熔岩噴泉噴向空中。當熔岩中的氣體在到達地表並驟然變熱時，就會發生這種奇異景觀。*

火山噴發

- **火山噴發**是由岩漿，即地表下面熾熱的液態岩石造成的。岩漿的密度比地表岩層小，因此它會試圖充溢到地表。
- **當岩漿**流動性較強時，火山噴發是“溢流性的”，也就是說，一直有岩漿緩緩地滲出。
- **當岩漿黏稠時，**火山噴發爆炸性較強。岩漿堵塞火山口，直到聚集了足夠的壓力，岩漿才轟然而出，就像砰地一聲爆開的香檳酒軟木塞。
- **爆發**會炸碎堵塞火山口的堅硬岩漿，使之成為火山灰和火山渣。

▶ *這是美國聖·海倫斯火山（Mount St Helens）爆發時的情形。全世界每年大約有60次大型的火山爆發，包括兩三次大規模的劇烈爆發。*

有趣的事實

火山下岩漿的壓力比地表的壓力大10倍。

- **爆炸性的噴發，**是由岩漿中不斷膨脹的二氧化碳氣泡和水蒸汽驅動的。
- **爆炸性噴發**會噴射出成團的熾熱岩漿、火山灰、火山渣、氣體和水蒸汽，高高地直沖天空。
- **火山**一般會反覆噴發。噴發之間的時段，叫作休眠期（repose time），從幾分鐘到幾千年不等。
- **潛沒帶的岩漿**容納的氣體是別處的10倍，因此這裡的火山噴發很劇烈。
- **岩漿內的氣體**僅在數秒內就能膨脹數百倍。

▶ *喀拉喀托火山（Krakatau）位於印度尼西亞。它在1883年爆發時，引發的海浪幾乎有40米高，淹死了36,000人。*

火山帶

▲ *大多數火山是在環太平洋地區發現的，在冰島、夏威夷和南歐也有發現。*

- **全世界**有1,500多座火山；其中500座是活火山。一座火山的壽命會達到一百萬年，而好幾百年不噴發。
- **近期噴發過的火山**就是活火山。史密森學會（Smithsonian Institute）正式開列的活火山名錄，包括在過去的10,000年裡噴發過的所有火山。死火山永遠不會重新噴發。
- **火山**出現在構造板塊的邊緣，或者地球內部過熱的地區。

▲ 美國華盛頓州的雷尼爾火山（Mt Rainier），也是“火環”上的眾多火山之一。

- **在板塊正在背離**的地方，也有一些火山噴發，比如海底大洋中脊沿線的地方。
- **潛沒帶附近**也有一些火山，形成一個火山島弧，或者在陸地上形成排成一線的火山群，稱為“火山弧”。
- **潛沒帶的火山**是爆發性的，因為熾熱的岩漿在向上奔突，沖破上面的地層時，會混雜其他的物質，變成酸性。酸性的岩漿黏稠又充滿氣體。它阻塞火山口，然後噴發而出。
- **在環太平洋地區，**有一個環形的爆發性火山帶，叫作“火環”。這個火山帶包括菲律賓的皮納圖博火山（Mt Pinatubo）和美國華盛頓州的聖·海倫斯火山。
- **在遠離潛沒帶的地區，**岩漿是玄武岩質。它易流動，氣體也少，所以這裡的火山都是往外滲出熔岩。
- **溢流性火山**頻繁地滲出熔岩，但是很輕緩。
- **裝在衛星上的三維雷達干涉度量儀**可以發現地球上每一座活火山最細微的膨脹。這種觀測，有助於預測火山噴發可能在什麼時候發生。

熱點火山

- **大約有5%的火山**並非位於構造板塊的邊緣，而是位於地球內部特別熾熱的區域上面，這些區域被稱為“熱點”（hot spot）。
- **熱點**是由地幔熱柱生成的——所謂“地幔熱柱”，就是從地核一路躥升到地幔的熱流。
- **當地幔熱柱**上升到地殼下面時，它們會沖開地殼，形成熱點火山。
- **著名的熱點火山，**有夏威夷島火山群和位於印度洋上的留尼汪（Réunion）島火山。

▲ *在熱點噴發出大量的熔岩。*

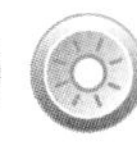

- **熱點火山**滲出流動的熔岩，向四下蔓延，形成盾狀火山（見“火山類型”）。
- **熱點火山**滲出的熔岩還會形成高原，比如法國的中央高原（Massif Central）。
- **在美國黃石國家公園，**間歇噴泉（geyser）、熱泉（hot spring）和咕嚕冒泡的泥沸泉（mud pot），表明地下是一個熱點。
- **在過去的200萬年裡，**黃石公園曾發生三次大規模的火山噴發。第一次噴發的熔岩，是1980年聖·海倫斯火山噴發的熔岩的2,000倍。
- **熱點**總是待在同一個地方，而構造板塊則會在它們的頂端滑動。每當板塊移動時，熱點便會生成新的火山。
- **太平洋板塊**在夏威夷熱點上的移動，生成了一個古老的火山鏈，長達6,000公里。這個火山鏈從位於日本北部海底的明治海峰開始，在夏威夷群島結束。

▶ *在黃石國家公園，至少有200處間歇噴泉。*

著名的火山噴發

▲ *1980年5月18日，美國華盛頓州的聖·海倫斯火山爆發，毀掉了山體的側面。這次爆發噴出的氣流夷平了方圓30平方公里的樹木。*

- **有史以來**規模最大的一次噴發，發生在220萬年前的黃石公園，噴發出的岩漿足以堆積成六座富士山。
- **公元前1645年，**希臘的希拉（Thera）島上火山爆發，摧毀了彌諾斯人（Minoan）的阿克特里城（City of Akoteri）。這也許就是亞特蘭蒂斯（Atlantis）神話的起源。
- **公元79年8月24日，**意大利的維蘇威火山爆發，把羅馬的龐貝城掩埋在火山灰中。

- **龐貝遺址**發現於18世紀，在數米深的火山灰下保存得極為完好，為了解古代羅馬人的生活提供了一幅非凡的圖景。
- **1883年，**鄰近爪哇的喀拉喀托（Krakatoa）火山島爆發，全世界四分之一的地區都能聽見爆發的聲音。
- **1815年，**印度尼西亞的坦博拉（Tambora）火山爆發，其規模比1980年聖·海倫斯火山爆發的規模還要大60-80倍。
- **坦博拉火山噴發**的火山灰瀰漫天空，使得1816年全球的夏季氣溫偏低。
- **坦博拉火山噴發**引起的塵埃使得落日火紅，J. M. W. 特納（J. M. W. Turner)的繪畫靈感可能就是源於這情景。
- **1902年5月8日，**馬提尼克島（Martinique）上的培雷火山（Mt Pelée）爆發，其間，聖·皮埃爾（St Pierre）附近的29,000名居民中，除兩人幸存外，其他人都在幾分鐘內因灼熱的氣流、火山灰和火山渣而喪生。
- **過去50年中**規模最大的一次火山爆發，是1991年4月菲律賓的皮納圖博火山（Mt Pinatubo）爆發。

▼ *古羅馬的龐貝城，約有3/4已經被挖掘出來。*

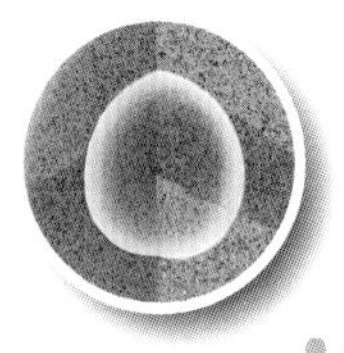

地震

- **地震**就是大地的震動。有些是輕微的小震，只不過能輕微地晃動一下搖籃。還有一些則極其劇烈，能摧塌山體。
- **山崩、火山**甚至重型的交通工具，都可以引發小型的地震。大型的地震，則是由構成地球表面的大型構造板塊彼此摩擦引發的。
- **構造板塊**一直在彼此錯位滑動，但有時候它們會停住。岩層彎曲並延展一段時間後，就會斷裂。這使得板塊震動，發出震動波，地震效果在遠處也能被感受到。
- **構造板塊**一般每年彼此錯位移動四五厘米。在引起劇烈震動的錯位過程中，板塊能在幾秒鐘內移動一米多。
- **在大多數震動中，**少數小震（前震）後通常會發生一次持續一兩分鐘的猛烈震動。此後的幾個小時裡，會再次出現系列小震（餘震）。
- **地球內部引發地震的地方，**叫作“震源”(hypocentre 或者 focus)。地震的震中(epicentre)是位於震源正上方的地表上的點。
- **地震**在震中最為強烈，離震中越遠，地震的強度會越弱。
- **被稱為地震帶的一些地方，**特別容易發生地震。地震帶位於構造板塊的邊緣。
- **淺震**(shallow earthquake)源於地下0-70千米深處。這是危害最大的地震。中震(intermediate quake)源於地下70-300千米深處。深震(deep quake)源於地下300千米以上的深處。見諸記錄的最深源地震，源於地下720千米深處。

▼ *在地震發生時，地震波由震源呈圓形向外和向上擴散。震中所受的損害最為嚴重——這裡的地震波最為強烈，400公里外仍然可以感覺到震動。*

有趣的事實

有記錄可查、持續時間最長的地震，是1964年3月21日在阿拉斯加發生的，只持續了四分鐘。

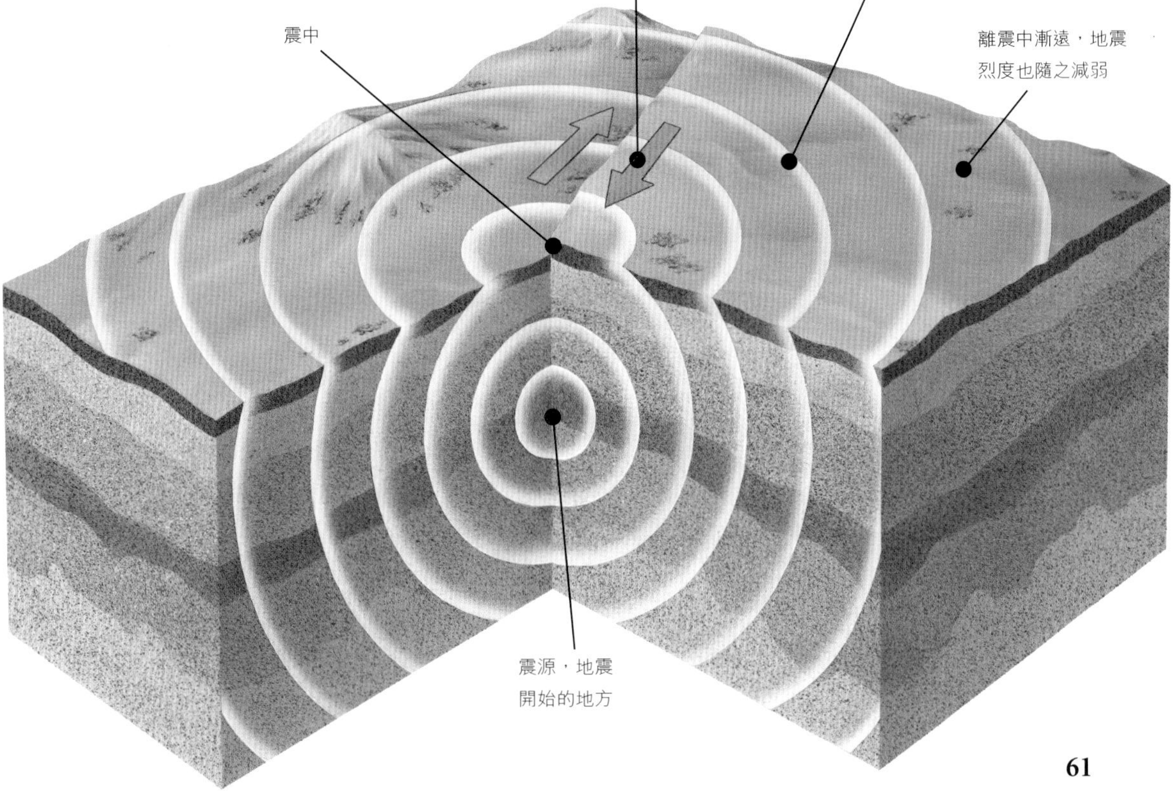

兩個構造板塊彼此撞擊時，就會產生地震波

等震線，標明地震烈度相同的地方

震中

離震中漸遠，地震烈度也隨之減弱

震源，地震開始的地方

地震波

- **地震波**是由地震發出的穿過地面的震動波（見"地震"）。
- **深源地震波**有兩種：縱波(P 波)(primary wave)和橫波(S 波)(secondary wave)。
- **P 波**每秒鐘行進5千米，通過擠壓和拉伸來移動岩石。
- **S 波**每秒鐘行進3千米，會使地面上下或左右移動。
- **面波**有兩種：拉夫波(Love wave)和瑞利波(Rayleigh wave)。
- **拉夫波，**也叫Q波，使地面左右晃動，忽斷忽續，常常會毀壞高層建築。
- **瑞利波，**也叫R波，使地面上下震動，使得地面似乎在旋轉。

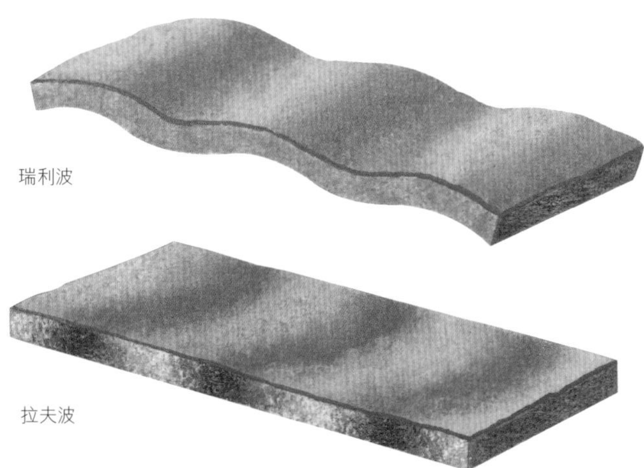

◀ *面波行進得比深波慢得多，但通常是造成大部分破壞的地震波。*

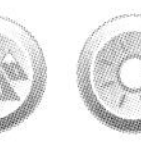

- **在堅硬的地面，**地震波行進得很快，是看不見的。但是，它們能將鬆軟的沉積物轉變為流體一樣的物質，這樣，地震波就可以看見了，它們在地面上蕩漾開去，就像海上的波浪。
- **地震波**蕩開鬆軟的沉積物時，也能將高層建築連根拔起。

▲ *美國的洛杉磯市位於安得烈斯斷層。由於發生地震的可能性很大，這裡的建築物現在都作了加固，以免被地震波破壞。*

有趣的事實

有些地震波的行進速度是音速的20倍。

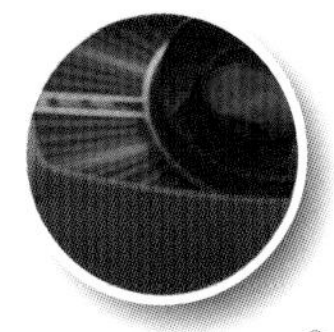

地震預測

- **預測地震**的唯一途徑就是研究過去發生的地震。
- **一個地震帶**如果有一段時間沒有發生地震，那很快就會發生一次。距離上次地震爆發的時間越長，地震的烈度就會越大。
- **地震間隙**(seismic gap)是活躍地震帶中沒有發生地震活動的地區。正是這些地區，有可能發生高烈度的地震。
- **地震學家**利用地面儀器和經過衛星反射的激光，對地震進行了精確的觀測（見“地震測量”），以此發現岩石細微的變形，這些變形顯示應力(strain)正在積聚。
- **由四座激光衛星站**聯結起來的一個網絡，叫做“凱石通”(Keystone)，用來監測日本東京灣的地面運動，這樣地震預測可以更加準確。
- **當岩石把地下水向地面擠壓時，**地上水平面會顯示壓力的存在。中國的地震學家通過觀測水井中的水面來預測地震。
- **地下氣體**氡的平面升高，也會顯示岩石在受擠壓。
- **岩石**的應力變化還有其他的表現，包括地面電阻或磁性的變化。
- **地震前，**據説會犬吠雞跳，鼠竄魚躍。
- **有些人**則聲稱自己對地震有感應。

◀ 現代地震預測方法能觀測到地面細微的畸變，這顯示岩石正受到應力的影響。地震學家使用最新的觀測技術，利用一些精密儀器，比如這台激光測距儀。

▶ 地震學家記錄地震造成的地面裂縫的大小。

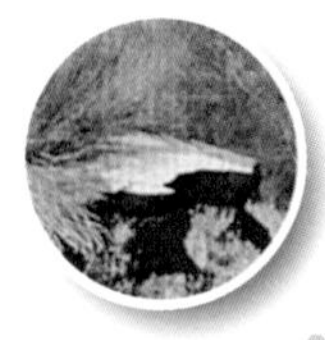

地震災害

- **世界上**有很多重要城市位於地震帶，如洛杉磯、墨西哥城和東京。
- **強烈的地震**會使建築倒塌，高架公路斷裂。
- **在1989年**的舊金山地震中，高速公路坍塌，一些汽車被擠壓得僅有0.5米厚。
- **1906年的舊金山地震，**摧毀了400公里的環城鐵路。
- **一些最危險的地震災害，**是由大火造成的，其肇因常常是煤氣管道破裂和電線斷裂。
- **1923年，**地震震翻了家用炭爐，東京陷入一片火海，有20萬人死亡。
- **在1995年的神戶地震**和1989年的舊金山地震中，建在廢料掩埋場上的建築受到的破壞最烈——這種場地是由鬆軟的物質堆積起來平整而成的。
- **死亡人數最多**的地震，可能是1556年發生在中國陝西的一次，它導致83萬人死亡。

▲ *高架公路完全坍塌是地震中主要的一種災害。*

- **本世紀最致命**的地震，於1976年發生在中國唐山，估計有25.5萬人死亡。
- **衝擊歐洲最烈**的地震，於1755年以葡萄牙里斯本為中心爆發。它摧毀了里斯本城，死亡十多萬人。震級可能為里氏9.0級（見“地震測量”），在巴黎都能感覺到震動。

▲ *地震可以在地下700公里深處爆發。它們造成的破壞會非常巨大，包括建築倒塌，道路出現巨大裂縫。*

地震測量

- **地震**是用一種叫作“地震儀”（Seismograph）的裝置來測量的。
- **地震的級別**以里克特震級(Richter scale)為單位，使用地震儀進行測量，震級從1到10排列。震級每進一級，表明地震的能量增加十倍。
- **里氏震級**是20世紀30年代一位名叫查爾斯·里克特(Charles Richter，1900-85)的美國地震學家設製的。

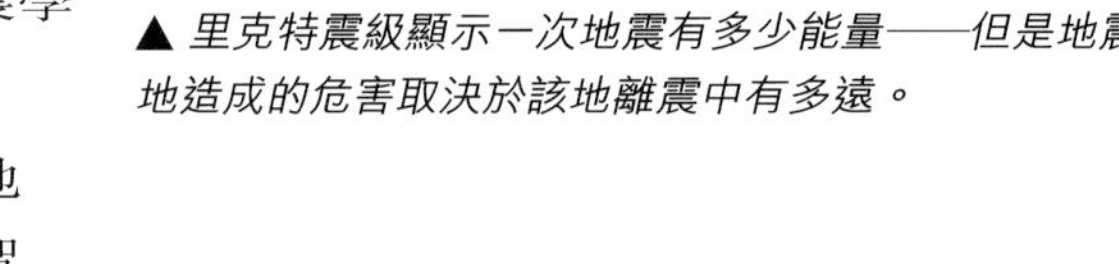

▲ *里克特震級顯示一次地震有多少能量——但是地震對某地造成的危害取決於該地離震中有多遠。*

- **見諸記錄的**最強烈地震，1960年發生於智利，記錄為里氏9.5級。1976年的唐山地震為里氏7.8級。
- **每年**有10-20次地震達到里氏7級。
- **麥加利震級修訂後，**用來根據地震結果來衡量地震的強度，級別劃分為1到12級，用羅馬數字(I - XII)表示。

- **麥加利震級**是由意大利科學家朱瑟佩．麥加利(Guiseppe Mercalli，1850–1914)設制的。
- **麥氏 I 級地震**只有用特殊的儀器才能偵測到。
- **麥氏 XII 級地震**幾乎會毀滅整個城市，並重新塑造地貌。
- **瞬間震級**則將里氏指數與對岩石運動的觀測結合起來。

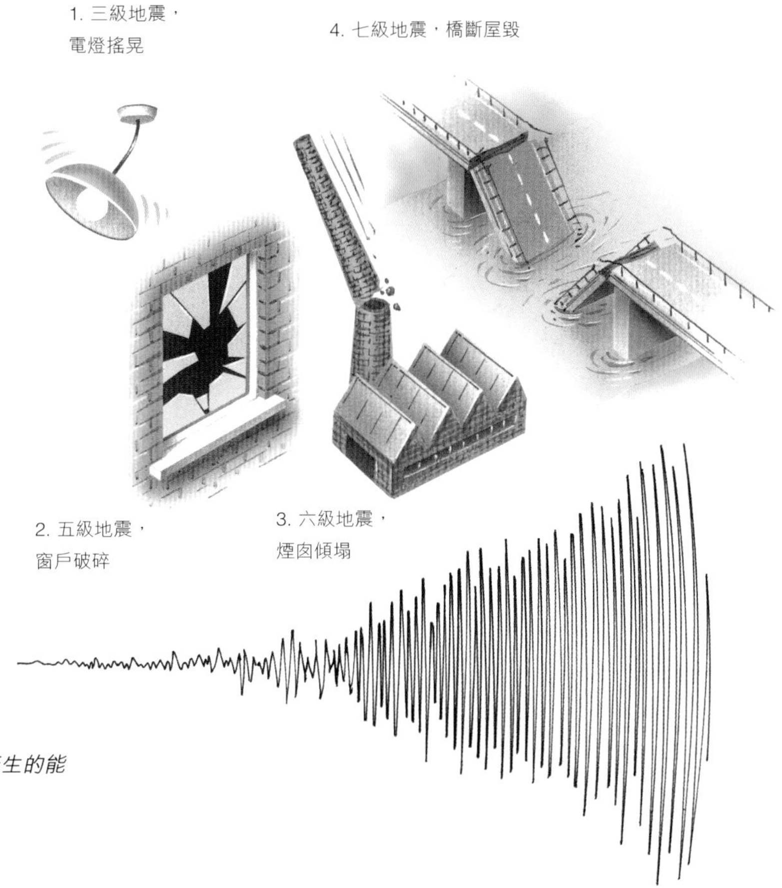

1. 三級地震，電燈搖晃

2. 五級地震，窗戶破碎

3. 六級地震，煙囪傾塌

4. 七級地震，橋斷屋毀

▶ *里氏震級用來衡量地震產生的能量以及地震波的強度。*

著名的地震

- **1906年，**美國舊金山因地震山搖地動，持續三分鐘。地震引發火災，幾乎將整個城市燒為平地。
- **公元前1750年**左右，一次地震摧毀了克里特島上彌諾斯人的宮殿。
- **文獻記載**最早的地震，發生於公元前464年。地震襲擊了希臘城市斯巴達，2萬人死亡。
- **公元62年，**羅馬皇帝尼祿(Nero)在拿不勒斯登基，鐘鼓齊鳴，因爆發地震，儀式結束。
- **1201年7月，**一場地震撼動了地中海東部的所有城市，可能有超過100萬的人死亡。
- **1556年，**一場地震衝擊了中國的陝西省，估計大約有里氏8. 3級（見“地震災害”）。
- **1923年的地震**將東京和橫濱夷為平地（見“地震災害”），並使相模灣（Sagami Bay）附近的海床下沉了400米。
- **1755年的里斯本地震**（見“地震災害”），促使法國作家伏爾泰寫出了《老實人》(*Candide*)一書，該書鼓動了法國大革命和美洲革命。
- **1985年的米喬阿坎(Michoacán)地震，**發生在距墨西哥城360公里遠的地方，有3.5萬人死亡。該城市的地下泥沙使地面運動增強了75倍。
- **1970年**發生在秘魯的地震，將5,000萬立方米的岩石和冰塊震下瓦斯卡拉山(Huascaran)主峰。它們以每小時350公里的速度呼嘯而下，將雲蓋城(Yungay)夷為平地。

▲ 舊金山地震非常劇烈，其震動在數千英里外都能察覺到。整個城市超過2/3的人口無家可歸。

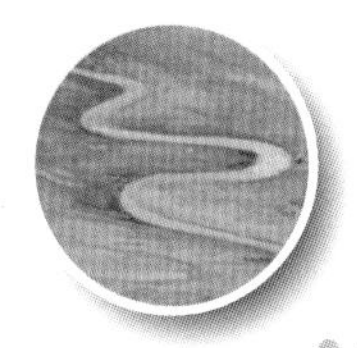

河流

▲ *河流通常會漫過源頭附近高處的巨礫。*

- **河流裡**的水來自從地面流失的雨水，來自融化的雪和冰，或者滲出地表的地下泉水。
- **在高高的山上，**靠近其源流的地方，河流通常很小。它們沿着數千年來雕鑿出來的狹窄山谷，漫過山石，蜿蜒而下。
- **在被稱為"流域"**(catchment area)**的特定地區，**所有的河流奔流而下，匯聚在一起，就像一棵樹上的枝椏一樣。這些"枝椏"被稱為"支流"。河流越大，就可能有越多的支流。
- **當河流奔騰下山時，**有支流與之匯合，而變得越來越浩蕩。它們通常流過平緩的河槽，這些河槽並非由大塊的岩石圍成，而是由從高處沖刷下來的細小的岩屑組成的。越靠近下游，河谷越寬，水流越緩，河流會沿着谷底迂迴蜿蜒。
- **在下游河段，**河流常常又寬又深。在河曲地帶，河流彎彎曲曲（見"河道"），穿過由來自上游的泥沙堆積成的廣闊的河川沖積平原(floodplain)。
- **在上游河段，**河流又快又急。一般來講，在河道平緩的下游河段，水流也一樣快，因為下游的湍流要少得多。

- **河流**主要憑藉自身的重力和泥沙，以及水流的全部力量來侵蝕河岸、河床。
- **所有的河流**都攜帶沉積物，包括順着河床滾動的大塊石頭，沿着河床被沖刷掉的泥土，以及浮在水中的細沙。
- **河流的流量**是指每秒鐘通過某一點的河水總量。
- **只在大暴雨後才有水流動的河流，**是“間歇(intermittent)河”。常年有水流動的河流是“常流(perennial)河”——不下雨時，仍有從地下湧出的水在河道裡奔流。

▼ 由叢山中的源頭奔流到海裡時，河流會有一些變化。

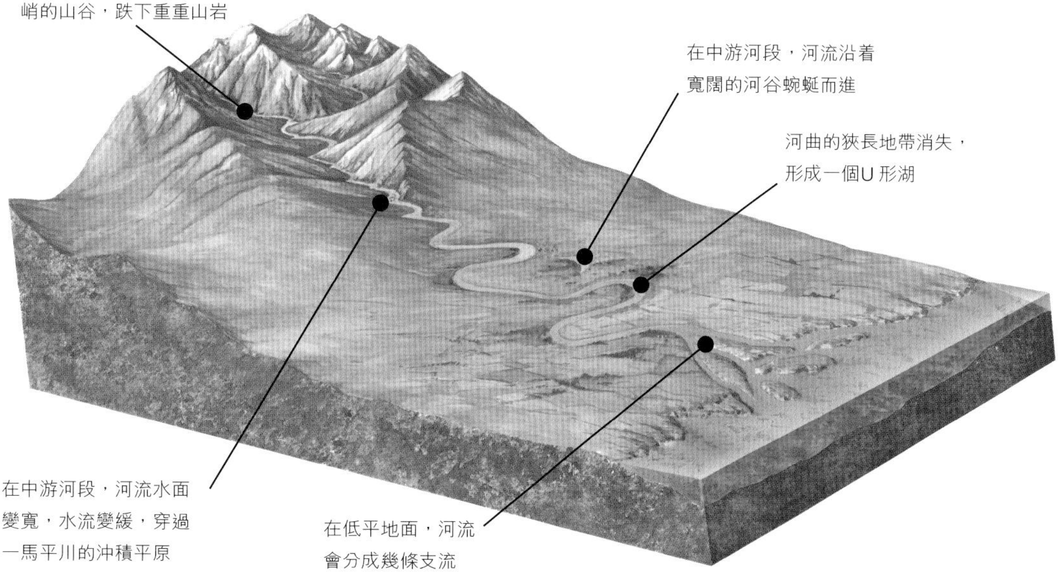

在上游河段，河流沿着陡峭的山谷，跌下重重山岩

在中游河段，河流沿着寬闊的河谷蜿蜒而進

河曲的狹長地帶消失，形成一個U形湖

在中游河段，河流水面變寬，水流變緩，穿過一馬平川的沖積平原

在低平地面，河流會分成幾條支流

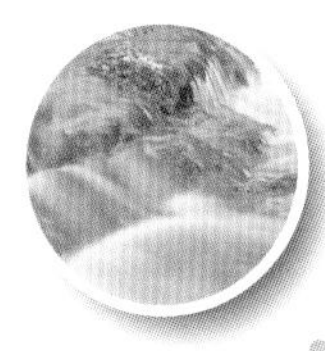

河道

- **河道**是有河水流動的狹長槽地。
- **如果河道迂迴蜿蜒，**或者河床高低不平，摩擦會減緩水流的速度。
- **窄而深的河道裡**的水流，要比寬而淺的河道裡的水流流動得快，因為前者的摩擦小。
- **所有的河道**都會有曲折，越接近海平面，曲折越多，常常會形成非常典型的馬蹄形彎曲，稱為“河曲”。
- **河曲**的具體形態，似乎受河流沖蝕和儲積沉積物的方式的影響。

▼ *河道在河口結束，在這裡河水注入一條更大的河流，湖泊或者海洋。*

▲ *圖中的河流寬闊平緩，河床高低不平，水流因摩擦而變慢。*

- **影響河曲形態的**一個關鍵因素，就是河流有高低起伏，會形成靜止深水區(pool)（深潭）和淺水區(riffle)（淺灘）。
- **深潭和淺灘之間的距離，**以及河曲的規模，與河流的寬度有密切的關係。
- **影響河曲形態的**另一個關鍵因素，是河水流動的趨向，它不僅要順勢直流下去，還要順着河道流動。河水在河道裡呈螺旋式流動，形成旋流(helicoidal flow)。
- **旋流**使得河曲外側的水流較快，侵蝕河岸。河曲內側的水流較慢，使得沉積物逐漸增加，形成"沖積坡"(slip-off slope)。

有趣的事實

河曲會形成一個完整的圓圈，只有一塊狹長的陸地將兩端分開。

河谷

- **河流**在沖刷出河道時也開闢出河谷。
- **在叢山高處，**河流的大部分水能用於開鑿河床。該處的河谷幽深，崖岸陡峭。
- **向下奔流入海時，**河流用更多的侵蝕能量沖刷堤岸。在迂迴蜿蜒時，它開鑿出更寬闊的河谷。
- **通常**只有當河流在其下游河段穿過廣闊的平原時，才會形成大的河曲。
- **深切河曲**(incised meander)是被開鑿成幽深河谷的河曲。當河流流過地勢較低的平原時，河曲就形成了。平原上升，河流向下沖刷，而它的河曲保存了下來（便形成深切河曲）。
- **大峽谷**便是由深切河曲形成的。科羅拉多高原於1,700萬年前隆起後，科羅拉多河便切入這塊高原，形成了大峽谷。
- **在一定程度上，**河谷的形狀取決於河水下面岩石的構造。

◀ *蜿蜒蛇行的彎曲河道稱作河曲，通常只有一塊狹長的陸地把河水隔開。*

▲ *河流沿着河床沖刷掉一些物質，歷經千萬年，便開闢出了河谷。*

- **有些河谷**和把它們開闢出來的河流相比，顯得太寬闊幽深了。這樣的河流，稱為“不相稱(underfit)河”，或者“不稱(misfit)河”。
- **容納**不稱河的許多大型河谷，是由冰川或者冰川融水開闢的。
- **世界上的所有河流，**平均每一千年沖蝕掉整個陸地表面8厘米。

瀑布

▲ *每年大約有1,000萬人遊覽尼亞加拉大瀑布(Niagara Falls)。*

- **瀑布**是垂直飛瀉而下的水流。
- **河水**流過一組堅硬的岩石，比如火山岩床時，瀑布就有可能形成。河流侵蝕表層岩石，但對那些堅硬的岩石則幾乎沒有作用。
- **河流的水道**突然被隔斷，也能形成瀑布，比如說，河水流過懸崖、斷層（見“斷層”）、懸谷(hanging valley)直接瀉入海洋（見“冰川地貌”）。

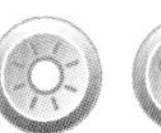

- **在瀑布的底部，**通常會有巨礫打旋，沖蝕出一個深深的水潭。

有趣的事實

世界上最高的瀑布是委內瑞拉的天使瀑布，從979米高處傾注而下。

- **"天使瀑布"**(Angel Falls)得名於1935年美國飛行員吉米·安吉爾(Jimmy Angel)的飛越壯舉。
- **維多利亞瀑布**(Victoria Falls)位於津巴布韋，當地稱之為"Mosi oa Tunya"，意思是"雷鳴之煙"。
- **維多利亞瀑布**的巨響，在40公里外就聽得見。
- **尼亞加拉大瀑布**位於美國和加拿大邊境，是尼亞加拉河瀉入伊利湖(Lake Erie)而形成的。
- **尼亞加拉大瀑布**由兩個瀑布組成：馬蹄瀑布(Horseshoe Falls)，54米高，和美利堅瀑布(American Falls)，55米高。

▶ *壯觀的巴西伊瓜蘇瀑布(Iguacu Falls)，由275個小瀑布組成，飛瀉82米，傾入下面的峽谷。*

洪水

▲ *1993年，美國中西部一場持續兩個月的暴雨導致洪水泛濫，造成約120億美元的財產損失。*

- **河水**或者海水大幅上漲，以至淹沒了周圍的陸地，這就是洪水。
- **大雨持續不絕，**或者春天雪融後，都有可能導致河水泛濫。
- **小規模的洪水**屢見不鮮；大規模的洪水則很少見。因此，洪水的規模是依照其頻率來描述的。

- **雙年洪水**是一種較小規模的洪水，每兩年可能發生一次。百年洪水是大規模的洪水，每一百年可能發生一次。
- **在持續乾旱時節，**一場暴雨後，小溪流變成洶湧奔騰的激流，成為"暴洪"(flash flood)。
- **1993年，**密西西比河和密蘇里河匯合地區的洪水，造成150億美元的損失，致使75,000人無家可歸，儘管三十年代曾為控制洪水修建了大量的工程。
- **黃河**被稱為"中國的苦難河"，因為它的泛濫造成巨大的破壞。
- **並非所有的洪水**都是有害的，在阿斯旺大壩(Aswan Dam)修建前，埃及農民利用尼羅河每年的定期泛濫來增加土地的肥力。
- **1953年，**北海海溢，在荷蘭造成嚴重洪災，荷蘭人開始興建三角洲工程(Delta project)，這是歷史上最大的水利工程之一。

▲ *即便沒有人淹死，洪水也會毀壞房屋，沖走農田的土壤，使之變得貧瘠。*

驚人的事實

1887年，黃河在中國泛濫，100萬人死於水災。

風化

- **風化**是指暴露在空氣中的岩石逐漸粉碎的過程。
- **風化影響地表的岩石**最甚，但是滲進地面的水能風化200米深處的岩石。
- **氣候越極端，**風化過程越迅速，不論氣候是極冷還是極熱。
- **在非洲熱帶地區，**基層風化面(basal weathering front)（即地下風化作用的最底層）通常有60米深。
- **風化作用，**有藉助化學作用的（即通過雨水中的化學成分），有藉助物理作用的（即通過氣溫變化），還有藉助生物作用的（即通過植物和動物）。
- **空氣**溶入雨水中，形成微酸，侵蝕岩石，例如石灰石，這就是化學風化作用。
- **物理風化作用**的主要形式是融凍崩解(frost shattering)——水在岩石的裂縫中結冰、會膨脹，使得岩石崩解。

▲ *風化作用，是指水、冰、化學成分和變化的氣溫等介質崩解岩石的過程。*

▶ *荒漠地區氣候炎熱，這意味着岩石的化學風化作用和物理風化作用都很強烈。*

- **荒漠上的岩石，**白天受熱膨脹，晚上遇冷收縮，因此開裂，這個過程是"溫差崩解"(thermoclastis)。
- **沉重的岩石**或冰層脱離後，下面的岩石會分層開裂，發生"頁狀剝落"(exfoliation)。

有趣的事實

零下22℃時，冰層能在郵票大小的岩石面積上產生3,000千克的壓力。

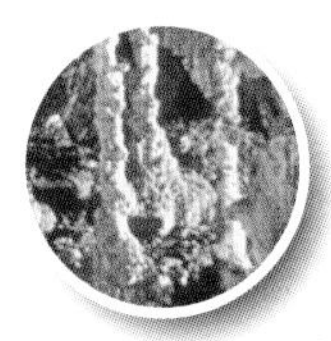

石灰岩風化

- **河水和雨水**從土壤和空氣中吸收二氧化碳，轉化成弱碳酸(weak carbonic acid)。
- **碳酸**（通過溶解）侵蝕石灰岩，這一過程叫作"碳酸鹽化"(carbonation)。
- **當石灰岩**靠近地表時，碳酸鹽化會生成壯麗的景觀。
- **石灰岩**被風化後所形成的景觀，通常叫作"喀斯特地形"(岩溶)，因為這種地形最典型的例子是波斯尼亞達爾馬提亞(Dalmatia)附近的喀斯特高原(Karst Plateau)。

▲ *石灰岩一般都呈白色、奶油色、灰色或者黃色。*

- **在地表，**碳酸鹽化作用沿着石灰岩的縫隙侵蝕，生成覆蓋面(pavement)，並形成被稱作"石芽"(clint)的石板。被侵蝕得很深的擦痕溝，即"岩溶溝"(gryke)，將這些石板分隔開來。
- **石灰岩**並不會像海綿一樣吸收水分。它有很多叫作"節理"(joint)的縫隙，河水和雨水沿着這些縫隙慢慢地滴到岩石裡。

- **水流**沿着“落水洞”(swallow-hole)滴進石灰岩，就像洗澡水流入下水道一樣。碳酸鹽化作用侵蝕掉這些落水洞，形成巨大的井筒，形成“鍋穴”(pothole)。
- **有些鍋穴**被侵蝕掉，形成巨大的漏斗狀坑，叫作灰岩坑(doline)，其直徑可達100米。
- **在鍋穴的底部，**水流沿着水平的縫隙流動，岩石會被刻蝕成“洞窟”(cavern)。
- **洞窟**會被嚴重侵蝕，以至頂部坍塌，形成峽谷，或者形成一個巨大的洞，叫作“灰岩盆地”(polje)。

▲ *地下水對石灰岩的侵蝕，可以生成巨大的洞窟，裡面通常佈滿壯觀的鐘乳石和石筍（見“洞穴”）。*

洞穴

▲ *洞窟會滿佈閃閃發光的石柱，成為一座地下宮殿。*

- **洞穴**是水平延伸的巨大空穴。垂直下陷的空穴叫作鍋穴。
- **最壯觀的洞穴，**叫作洞窟，位於石灰岩群中。酸雨滴進岩石的縫隙，侵蝕出巨大的洞穴。
- **世界上已知的最大**單個洞穴，是沙撈越洞穴(Sarawak Chamber)，位於馬來西亞沙撈越州的穆魯山(Gunung Mulu)。
- **迄今發現的最深的洞穴群，**是皮埃爾·聖·馬丁洞穴群(Pierre St Martin system)，位於法國比利牛斯地區 (Pyrenees)地下800米深處。

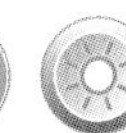

- **最長的洞穴群**是馬默斯洞穴群(Mammoth Cave system)，位於美國的肯塔基州，長560公里。
- **很多洞窟**蘊藏着奇妙的沉積物，叫作洞穴堆積物(speleothem)。它們主要是由碳酸鈣形成的，而這些碳酸鈣就沉澱在滴進洞穴的水中。
- **鐘乳石**(stalactite)是冰柱狀的洞穴堆積物，從洞頂垂下。石筍(stalagmite) 則由洞底向上挺立。
- **世界上最長**的鐘乳石長6.2米，位於愛爾蘭克萊爾郡的Poll-an-Ionain洞穴。
- **世界上最高**的石柱，是飛龍柱，位於中國貴州的九龍洞。

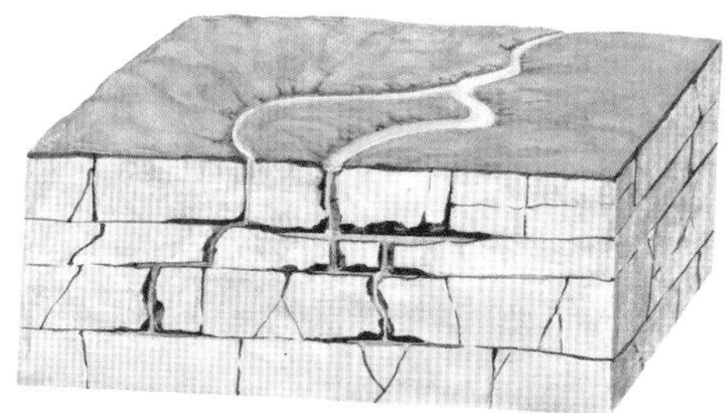

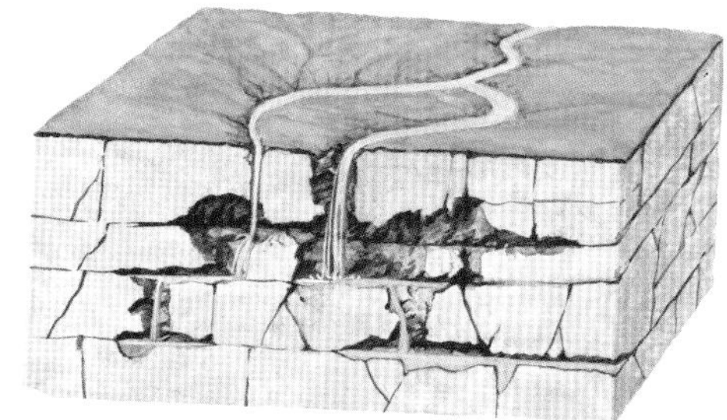

▲ *地表水流進石灰岩層，把裡面蝕空，成為洞穴。*

有趣的事實

沙撈越洞穴非常大，足比世界上最大的體育場大兩倍以上。

冰川期

- **冰川期**是指地球極其寒冷，極地冰蓋急劇增厚的時期，長達數百萬年。關於這一現象的成因，有許多不同的理論（見“氣候變化”）。
- **在過去的10億年裡，**出現過四個冰川期，其中一次持續了1億年。
- **最近的**一次冰川期，叫作更新世冰川期(Pleistocene Ice Age)，大約開始於200萬年前。
- **在冰川期，**天氣在寒冷期，即“冰期”(glacial)，和溫暖期，即“間冰期”(interglacial)之間變動。
- **在更新世冰川期**最後的160萬年裡，一共有17個冰期和間冰期。
- **最後的一個冰期，**叫作“全新世冰期”(Holocene glacial)，在18,000年前達到頂峰，10,000年前結束。

▶ *在冰川期，人們冒着生命危險捕獵兇猛多毛的猛獁象。這種動物能提供優質的肉食、皮革、骨頭和象牙。*

▲ 18,000年前，加利福尼亞看上去可能就是這樣子，當時它在一片冰原的邊緣。

有趣的事實

今天的華盛頓和倫敦，在18,000年前覆蓋着厚達1.5千米的冰層。

- **18,000年前，**冰川覆蓋了地球的40%。
- **18,000年前，**冰川在歐洲和北美的大部分地區擴張。冰蓋在塔斯馬尼亞島(Tasmania)和新西蘭增長。
- **大約18,000年前，**夏威夷還是一片冰川。

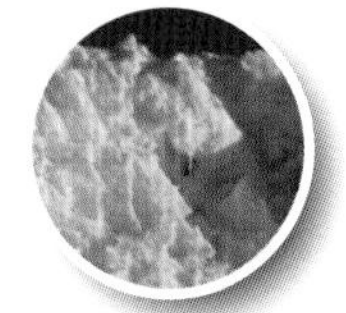

冰山

▲ *1912年4月14日，當時最大的客輪泰坦尼克號(Titanic)撞在一座冰山上後沉沒。*

- **冰山**是指從冰川或者極地冰蓋末端崩裂或脫離出來的大塊浮冰。當海潮和海浪拍擊冰川、冰蓋，使之上下運動時，常常會形成冰山。
- **冰山的崩裂，**大都發生在夏季，這時溫暖的環境會使冰層部分融化。
- **在北極，**每年大約有15,000座冰山崩裂。
- **北極冰山**大小各異，小的如汽車般大小，叫作"殘碎冰山"(growler)，大的如高樓大廈。北極地區最大的冰山有11千米長，1882年在巴芬島(Baffin Island)海岸發現。
- **在格陵蘭島北部，**彼得曼(Petterman)冰川和榮格森(Jungersen)冰川形成巨大的桌子狀的冰山，叫作浮冰島(ice island)。它們和在南極發現的冰山相似。
- **南極冰山**比北極冰山要大很多很多。該地區最大的冰山長300千米，1956年由美國冰川號(Glacier)破冰船發現。
- **南極冰山**平均存在年限是十年；

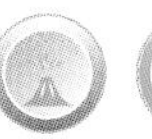
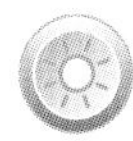

北極冰山大約是兩年。

- **構成北極冰山**的冰塊有3,000-6,000年的歷史。
- **大約每隔375年，**就會有冰山從格陵蘭漂流到紐芬蘭(Newfoundland)的航道附近。它們是船隻在該地區航行時的主要危險。
- **1912年，**巨型客輪泰坦尼克號撞到紐芬蘭海岸的一座冰山後沉沒。1914年，國際冰山巡查隊(International Ice Patrol)成立，以監視冰山的活動。

▼ *冰山是從冰川斷裂出來的大塊浮冰。*

冰川

▲ *冰川中高密度的冰，是由幾千年的積雪形成的。新的雪落下，下面的陳年積雪受到的擠壓越來越大，這一過程叫作“粒雪形成”(firnification)。*

- **冰川**是緩慢移動的巨大冰塊。氣候過於寒冷，積雪不能融化時，它們就會在山區形成。它們沿着山谷往低處緩慢流動，直到在低處一個溫暖的環境裡融化。
- **新下的雪，**即冰川雪(névé)，落在積雪上，就會形成冰川。新雪的重量將積雪壓緊，形成密度更大的積雪，稱作“萬年雪”(firn)，也叫“冰原”。
- **在萬年雪中，**所有的空氣都被擠壓了出去，因此它看上去像冰。雪下得越多，萬年雪變得越結實，就變成了“冰川冰”(glacier ice)，慢慢地往山下漂移。
- **現在，**冰川只在高山和靠近南北兩極的地區形成。在冰川期，冰川遍佈，很多現在不見冰雪的地方，當時都覆蓋着冰川。
- **冰川**向山下移動時，它們會彎曲並被拉張，出現很深的裂縫，即“冰隙”(crevasse)。有時候，冰川經過山脊，也會出現冰隙。
- **最大的冰隙，**通常叫作“冰後隙”(bergschrund)。冰川開始向山下移動時，冰體先從其緊貼着的凹地後壁崩離出來，就會形成冰後隙。
- **在冰川底面溫度較高**（大約0℃）**的地方，**冰川在一層薄薄的水上滑行。這水是在壓力融化冰川底部時產生的。這種移動方式，叫作“底面滑動”(basal slip)。
- **在底面溫度較低**（遠低於0℃）**的地方，**冰川像撲克牌一樣，一層一層地彼此錯位，向山下移動。這種移動方式，叫作“內部變形”(internal deformation)。

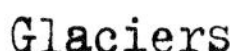

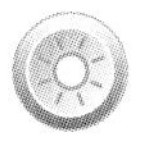

- **山谷冰川**(valley glacier)是指存在於山谷中的冰川。
- **冰斗冰川**(cirque glacier)是從高山凹地流下的小型冰川。幾個冰斗冰川匯合在一起，就形成了阿爾卑斯型(Alpine)山谷冰川。山谷冰川滑下山，匯合在一起，便成了“山麓冰川”(piedmont glacier)。

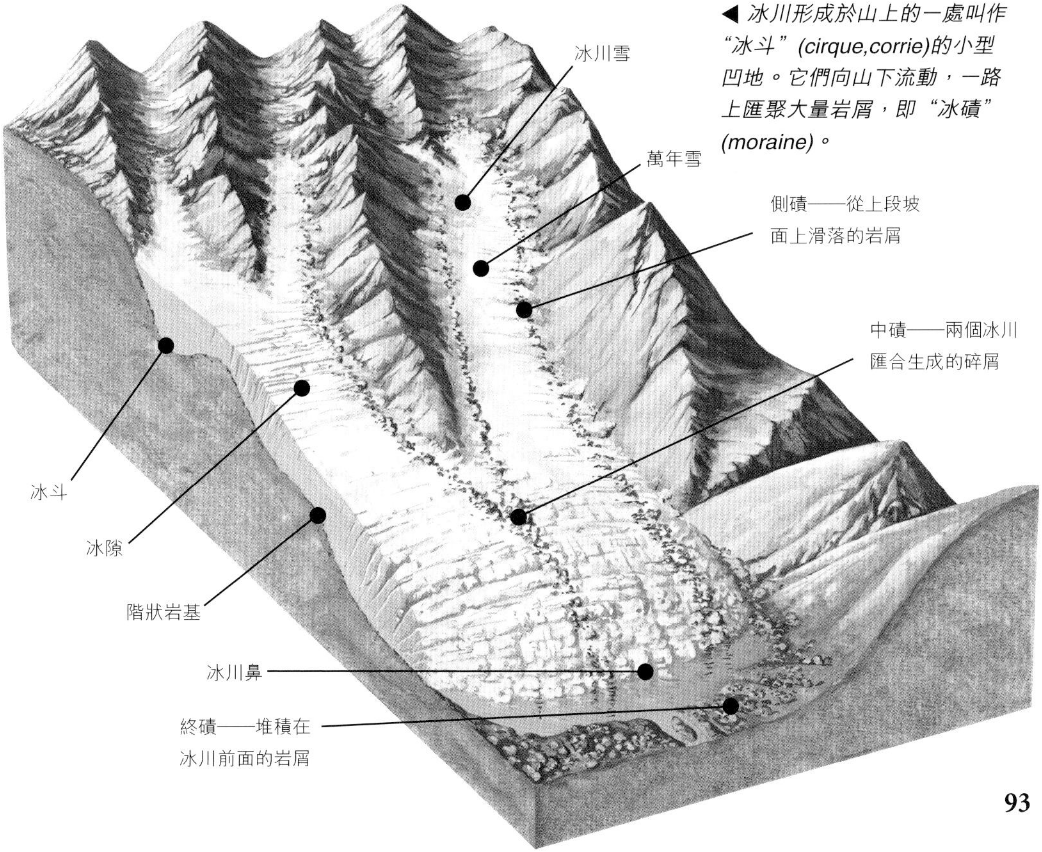

◀ 冰川形成於山上的一處叫作“冰斗”(cirque,corrie)的小型凹地。它們向山下流動，一路上匯聚大量岩屑，即“冰磧”(moraine)。

冰川雪

萬年雪

側磧——從上段坡面上滑落的岩屑

中磧——兩個冰川匯合生成的碎屑

冰斗

冰隙

階狀岩基

冰川鼻

終磧——堆積在冰川前面的岩屑

冰川地貌

- **冰川**移動緩慢，但是它們龐大的重量和體積仍然使之擁有改變地貌的巨大力量。
- **歷經千萬年，**冰川將曲折蜿蜒的山谷開鑿成巨大、標準的U形地槽。
- **冰川**會將“支系山谷”(tributary valley)切割掉，使之“懸”在主山谷(main valley)上方，邊緣陡峭。山嘴(hill spur)也會被切開。
- **冰斗**是一塊位於高山上，被侵蝕出來的交椅狀的凹地，冰川就是在這裡開始形成的。

▼ *山谷冰川是散佈在高山的山谷裡的狹長冰體。*

▼ 冰川期結束後，冰川會留下一片發生了劇烈改變的地貌，山谷幽深，碎屑堆積。

- **刃嶺**(arête)是呈刀刃狀的山嶺，當冰斗裡的冰川向下切割時，幾個冰斗之間就會形成刃嶺。
- **"漂流冰磧"**(drift)是在冰川上沉積的一層碎屑。"冰水冰磧"(glaciofluvial drift)是冰融水時留下的冰磧。"冰磧物"(till)則是冰自身產生的。
- **鼓丘**(drumlin)是一堆蛋形的冰磧物。蛇丘(esker)是如蛇一般蜿蜒的隆起的冰磧帶，是由冰下的水流造成的。
- **冰磧**(moraine)是冰川產生的成堆的碎屑。
- **冰前湖**(proglacial lake)是冰川融水被冰磧圍攔而形成的湖。

有趣的事實

在最後一個冰川期結束後，來自巨大的阿加西湖(Lake Agassiz)的湖水，淹沒了北美溫尼伯(Winnipeg)附近50萬平方公里的土地。

寒帶景觀

▲ 寒冷狀態對地貌有顯著的影響。

有趣的事實

在冰緣狀態下，冬天氣溫從不會升到冰點以上。

- **"冰緣"** (periglacial)一詞以前往往用來描述冰川期冰體附近的地貌狀態，現在則指目前發現的類似的狀態。
- **冰緣狀態**現在在加拿大北部和西伯利亞凍原，以及冰原島峰(nunatak)地區仍然存在。所謂冰原島峰，是指向上突破冰盾(ice sheet)和冰川的山。
- **在冰緣地區，**春天的時候只有地表的冰融化。在地下深處，則是永遠冰封的永久凍土(permafrost)。
- **當永久凍土**上面的土壤融化時，地層會扭曲成褶皺層，稱為"內捲"(involution)。

- **凍土融化時，**會變得很有流動性，會很容易流下山坡，形成巨大的舌狀體(tongue)和階地(terrace)。
- **凍脹**(frost heave)是指地面凍結時寒氣將石頭擠出地面的過程。
- **凍脹結束後，**細小的石頭留在山上，而大的石頭會滾下山。這在地面上造出複雜多變的圖形(pattern)。
- **在平坦的地面，**被子一樣的圖形叫作“石頭多邊形”(stone polygon)。在斜坡上，這樣的地形延展成“石頭帶”(stone stripe)。
- **冰核丘**(pingo)是以冰體為核心聚合而成的土堆。湖底下的地下水凍結時，就會形成冰核丘。

▲ *北美麋鹿在冬天很容易受到攻擊，狼可以在堅冰上追獵它們。*

荒漠

▲ *持續數百萬年的水流沖蝕，造就了這些巨大的柱狀方山(mesa)和小尖山(butte)，它們位於美國猶他州的紀念碑山谷(Monument Valley)。*

- **荒漠**就是乾旱少雨的地方。很多荒漠地區氣候炎熱，但南極洲也是最大的荒漠之一。荒漠約佔地球上陸地的五分之一。
- **石質沙漠**(hamada)是巨礫(boulder)遍佈的荒漠。礫漠(reg)是被砂礫(gravel)覆蓋的荒漠。
- **所有的荒漠中，**大約有五分之一是沙丘的海洋。在撒哈拉地區，這些荒漠叫作沙質沙漠(erg)。
- **沙丘的類型，**取決於當地沙礫的多少，以及風的變化程度。
- **新月形沙丘**(barchan)是移動的沙丘，是在風向穩定、沙量較少的沙漠

地區形成的。

- **賽夫沙丘**(seif)是長形的沙丘，是在沙量較少，風從兩個或兩個以上的方向吹來時形成的。
- **荒漠裡**的大多數溪流只是偶爾流動。殘存的乾涸的河床，叫作“旱谷”(wadi)或者“乾河”(arroyo)。雨後，河床裡則可能突然充溢奔騰的洪水。
- **在涼爽、潮濕的地區，**山丘有土壤覆蓋，外形圓潤。而在荒漠裡，山丘上佈滿裸露的岩石，四面都是陡直的懸崖峭壁。
- **方山和小尖山**都是柱狀的高原，是由荒漠裡的水流逐漸開鑿而成的。

有趣的事實

在撒哈拉西部，200萬年來一直乾旱，形成了一些超過300米高的沙坡(sand ridge)。

▼ *綠洲是沙漠中有水源的地方。植物和動物可以在這些地方繁衍。*

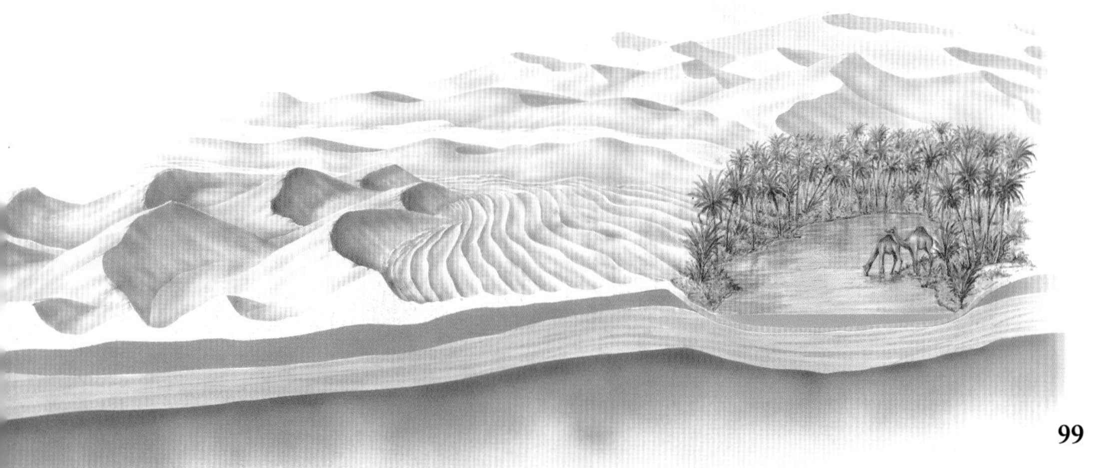

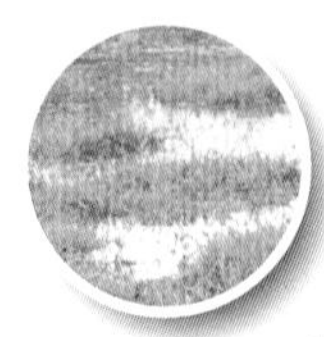

沼澤和濕地

▲ *沼澤裡生活着各種各樣的野生動物，包括魚、青蛙、蛇、短吻鱷、鱷。*

- **濕地**是指水面在大多數情況下高於地面的陸地。
- **濕地的種類**主要有蘚類沼澤(bog)、泉生沼澤(fen)、木本沼澤(swamp)、草本沼澤(marsh)。
- **蘚類沼澤**和泉生沼澤出現在寒冷氣候環境中，埋藏着大量半腐爛的植物物質，這些物質稱為泥炭(peat)。
- **木本沼澤和草本沼澤**存在於溫暖和寒冷的地方，生長的植物比蘚類沼澤

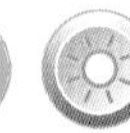

和泉生沼澤要多。

- **草本沼澤**是永久性濕地，如淺湖和河流三角洲。蘆葦和燈心草就生長在草本沼澤裡。
- **在水平面變化很大的地方，**就會形成木本沼澤——通常是在熱帶地區的河流兩岸，亞馬遜河和剛果河沿岸比較顯著。一些喬木，比如紅樹林，就生長在木本沼澤。
- **在美國，**半數濕地在大多數人認識到其價值前便已經被排乾了。在北卡羅萊納，迪斯默爾沼澤(Dismal Swamp)的大部分已經乾涸。
- **普里皮亞特沼澤**(Pripet Marshes)位於白俄羅斯邊境，是歐洲最大的沼澤，面積為27萬平方公里。
- **濕地**就像海綿一樣，有利於控制洪水。
- **濕地**還有助於提供地下水水源。

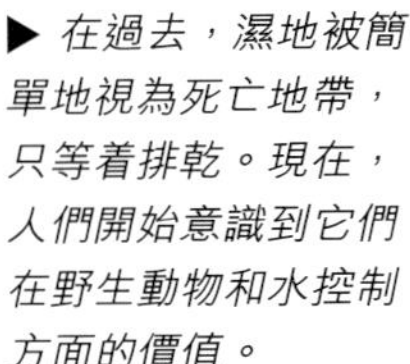

▶ *在過去，濕地被簡單地視為死亡地帶，只等着排乾。現在，人們開始意識到它們在野生動物和水控制方面的價值。*

丘陵

▲ *丘陵是地球表面明顯的丘頂隆起。*

- **丘陵**有一個限定，指高度低於307米的高地。高於這個高度，就成了山體。
- **山由堅硬的岩石構成**；丘陵的構成，可以是堅硬的岩石，也可以是冰川或風形成的碎屑堆積體。
- **由堅硬的岩石構成的丘陵**，有些非常古老，是歷經數百萬年由山侵蝕而成的；有些則是由鬆軟的沉積物構成的低矮的小山。
- **在濕潤氣候下，**受風化和流過地面的水的影響，丘陵通常是圓形的。
- **堅硬的岩石**被風化時，丘陵上會覆蓋一層碎屑，即"風化層"（regolith）。這些碎屑，會緩慢地滑下山，或者在滑坡時突然坍塌。
- **丘陵**通常有一個S形的淺坡。地質學家稱這種坡為"凸凹"（convexoc-

▼ *在潮濕的地方，長時間受風化和流水侵蝕的共同影響，丘陵的輪廓通常是舒緩的圓形。*

oncave)，因為在丘頂有一段短的圓形凸起，往下則是長長的盤子狀的凹形坡。

- **在受到侵蝕後，**丘陵的坡度會變得平緩，因為丘頂被迅速侵蝕。這被稱為“衰退”(decline)。
- **長期遭到侵蝕**但依然陡峭的坡面，叫作凹陷(retreat)。
- **丘陵的坡**遭到侵蝕，舒緩的坡段變長，陡峭的坡段縮短，這個過程叫作“交替作用”(replacement)。
- **衰退**會發生於潮濕的地方；凹陷則發生在乾燥的地方。

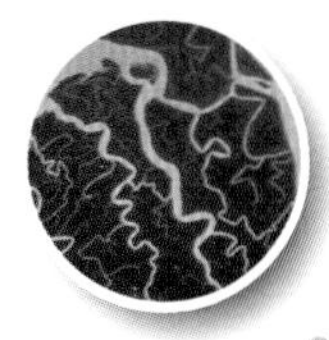

地貌變化

▲ *月球上沒有空氣、風和水，因此地貌的變化非常微小。*

- **在數十億年**的時間裡，月球上的地貌幾乎沒有改變。三十年前登月宇航員留下的腳印如今還在那裡，在塵土中保留得非常完好。
- **地球的表面**則一直在變化。大部分變化歷時數百萬年。有時，地貌會因為一場山崩或者火山爆發而突然劇變。

- **受來自地球內部的巨大力量的影響，**地表是從地球內部開始發生變形和再造過程的。
- **受氣候**、水、海浪、冰、風以及其他“侵蝕介質”(agent of erosion)的影響，地貌的塑造過程由地表開始。
- **大多數地貌，**除了荒漠，是由流水塑造而成的，這是丘陵外形圓潤的原因。乾旱地區的地貌棱角嶙峋，但是，即便在荒漠裡，水也常常發揮着重要的塑造作用。
- **山峰**是尖形的，因為山體高處氣溫很低，岩石經常被嚴寒摧崩。
- **有一位美國科學家，**名叫戴維斯(W. M. Davis, 1850–1935)，認為地貌是由反覆出現的“侵蝕旋迴”(cycles of erosion)塑造而成的。
- **戴維斯的侵蝕旋迴說，**有三個階段：充滿活力的“青年期”，穩定的“成熟期”，和遲緩的“老年期”。
- **觀測表明，**就像戴維斯認為的那樣，隨着時間的推移，侵蝕作用並不會變得緩慢。
- **很多地貌**是由已經不再發生作用的力量塑造成的，比如在過去的冰川期裡移動的冰。

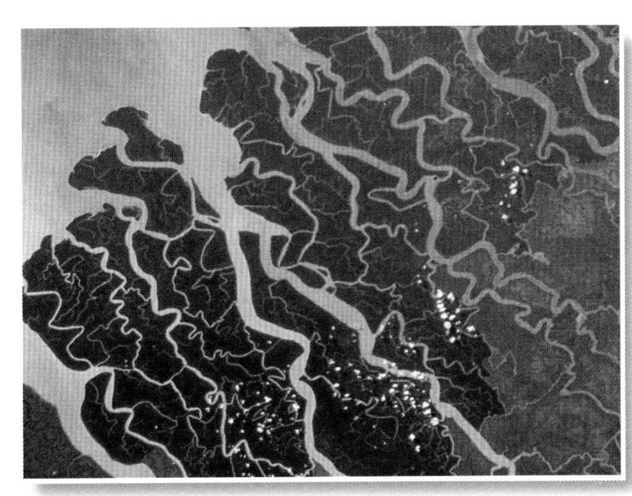

▶ *河流是最有力的侵蝕介質之一。*

氣候

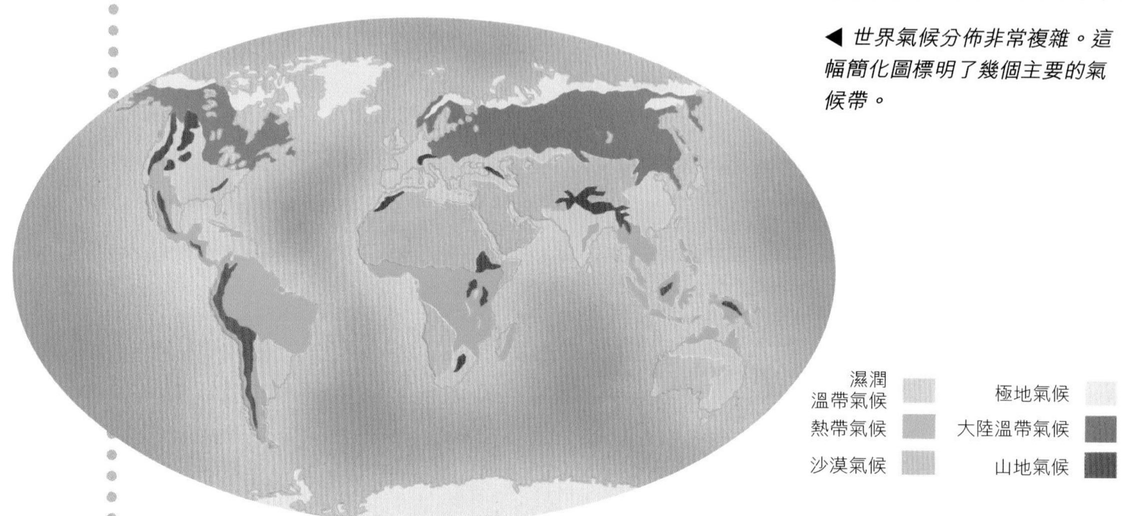

◀ *世界氣候分佈非常複雜。這幅簡化圖標明了幾個主要的氣候帶。*

- **氣候**是一個區域長時間內穩定的天氣特徵。
- **靠近赤道的地區，**太陽高懸空中，氣候暖熱。
- **熱帶氣候**是指赤道兩側熱帶地區的暖熱氣候。平均氣溫一般為27℃。
- **極地地區，**太陽從來不會高懸空中，氣候寒冷。平均氣溫一般為零下30℃。
- **溫帶氣候，**是位於回歸線和極地之間溫帶的溫和氣候。夏季平均氣溫為23℃。冬季平均氣溫為12℃。
- **地中海氣候**是冬暖夏涼的溫帶氣候，在地中海、加利福尼亞、南非和澳大利亞南部非常典型。
- **季風性氣候，**是指有雨季與旱季相間出現的氣候——以印度和東南亞最為典型。

▶ *最大的季節性差異，表現在氣溫方面，這是由太陽運動引起的。在赤道地區，太陽會懸在頭頂，而極地地區離赤道太遠，太陽無法惠及，因此兩個地區在氣溫上有極大的季節性差異。*

▶ *仲夏時節，地中海離太陽最近，此時當地天氣最炎熱，也最乾燥。當太陽離地中海最遠，靠近南半球時，當地一年之中最涼爽的季節就到了。*

▶ *在赤道附近，氣溫幾乎沒有季節性的變化。離開赤道，就會出現四季的更替。三月和九月，太陽在赤道的正上方；六月和十二月，太陽分別在北回歸線和南回歸線的正上方。*

- **海洋性氣候，**是海洋附近地區的濕潤氣候，冬暖夏涼。
- **大陸性氣候，**是比較乾燥的氣候，位於內陸地區，夏季炎熱，冬季寒冷。
- **山地氣候，**隨着高度增加，氣溫越低，風越大。

氣候變化

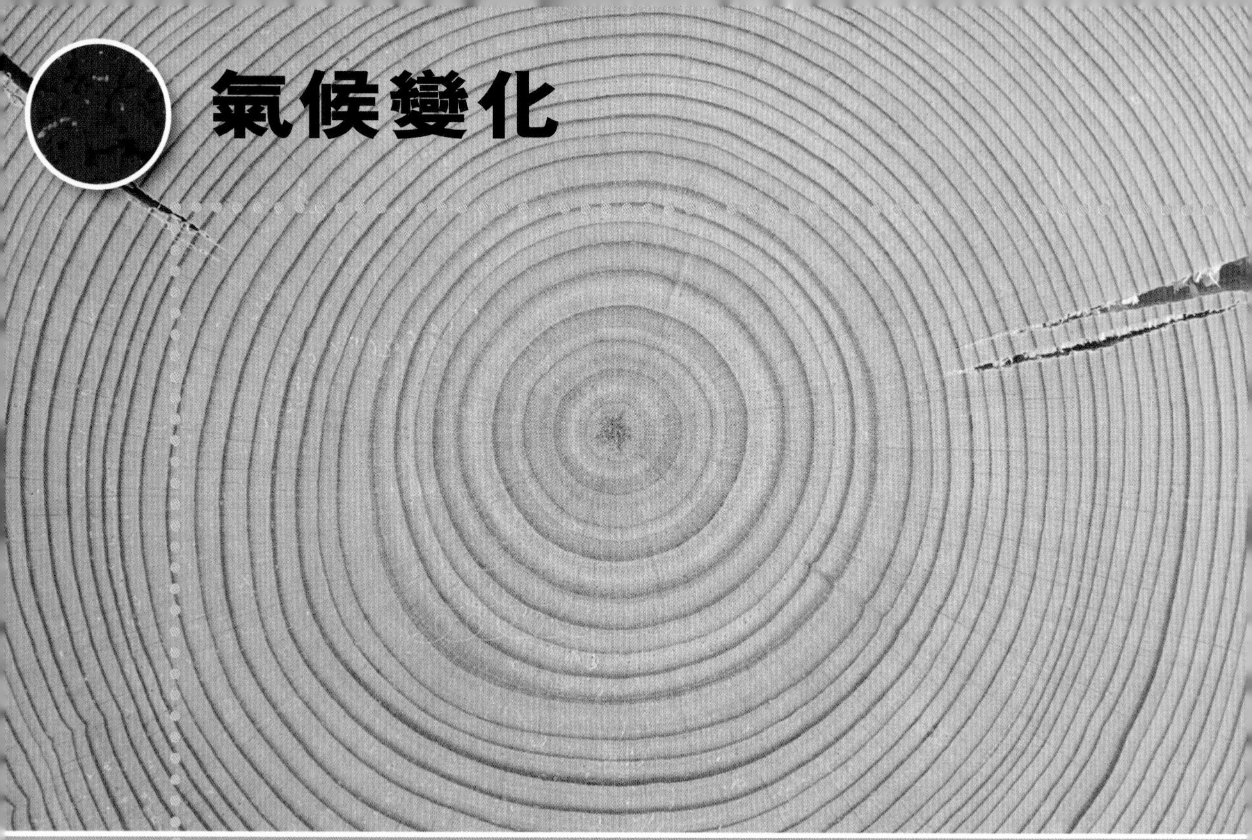

▲ *樹的年輪可以顯示過去的天氣情況。在氣候濕潤的時期，年輪排列得密；在氣候乾燥的時期，年輪則疏。*

- **全球的氣候**一直在變化，變得更熱，更冷，更濕，或者更乾。有很多理論解釋這些現象的成因。
- **了解**有天氣記錄之前氣候如何變化，方法之一便是觀察古樹的年輪。
- **了解過去氣候**的另一個方法，是檢測古代的沉積物，比如只在特定環境下才繁衍的動植物的殘骸。
- **氣候變化**的一個肇因，可能是地球相對於太陽的方位發生變化。這些

變化，被稱為“米蘭柯維奇旋迴”(Milankovitch cycle)。

- **其中一種“米蘭柯維奇旋迴”，**指地軸就像陀螺一樣每21,000年轉換一次的運動方式。另一種旋迴，指地軸每40,000年就像一艘左右搖晃的船一樣偏斜一次的運動方向。第三種旋迴，是指地球的軌道每96,000年，就會或多或少地變成橢圓形。
- **氣候**可能還受太陽上黑色斑點（即“黑子”）的影響。這些黑子每11年盛衰一次。
- **地球上的風暴天氣**與太陽黑子的活動有聯繫。
- **當空中佈滿火山噴發**產生的灰塵，或者流星撞擊地球時，氣候就會轉涼。
- **空氣中**某些氣體的含量增加時，氣候就會變暖（見“全球變暖”）。
- **當大陸漂移時，**當地的氣候就會發生變化。南極洲曾經位於熱帶，而紐約地區曾經有過熱帶沙漠氣候。

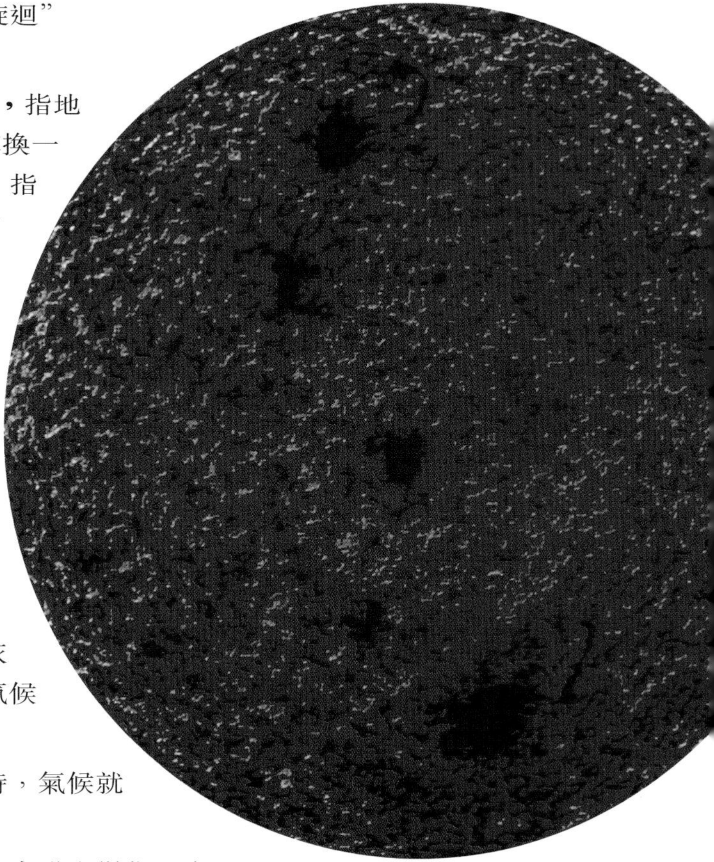

▲ *太陽表面形成很多黑子時，地球上的風暴天氣就會增多。*

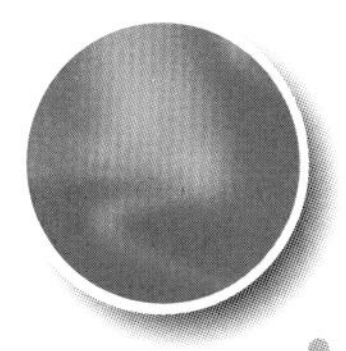

大氣層

- **大氣層**是包裹地球的一層氣體，大約有1,000千米厚，可以分為五層：對流層（最低層）(troposphere)、平流層(stratosphere)、中間層(mesosphere)、熱成層(thermosphere)和外逸層(exosphere)。
- **大氣層的組成：**氮(nitrogen)78%，氧(oxygen)21%，氬(argon)和二氧化碳(carbon dioxide)1%，另外還有微量的氖(neon)、氪(krypton)、氙(zenon)、氦(helium)、氧化亞氮(nitrous oxide)、甲烷(methane)和一氧化碳(Carbon monoxide)。
- **大氣層**最初是由從火山噴發出來的煙塵生成的，40億年前，這些煙塵籠罩了早期的地球。但是，當岩石和海水吸收了二氧化碳以後，情況有了變化；接下來的千百萬年裡海裡的海藻使得氧氣含量增加。
- **對流層厚度**只有12千米，但是包含的氣體重量佔整個大氣層的75%。隨着高度的增加，溫度逐漸下降，從平均溫度18℃下降到對流層頂(tropopause)（對流層頂端）的零下60℃。
- **平流層幾乎不含水。**平流層和對流層不一樣，對流層是從底部變熱，平流層則是從頂部變熱——因為其中的臭氧受太陽紫外線的輻射而變熱。溫度隨着高度的增加而增加，高度增加了大約50千米，溫度從零下60℃爬升到頂端的10℃。
- **整個平流層**澄澈平靜，這就是平流層適合噴氣式飛機飛行的原因。
- **中間層**幾乎沒有空氣，但是它很厚，足以減緩隕石的隕落速度。隕石飛進中間層時，會被燒燬，在夜空中留下耀眼的“尾巴”。上升80千米後，溫度從10℃下降到零下120℃。

有趣的事實

平流層在夜晚會發出微弱的光，這是因為富含鹽分的海水蒸發到空中時，其中的鈉會發生化學反應。

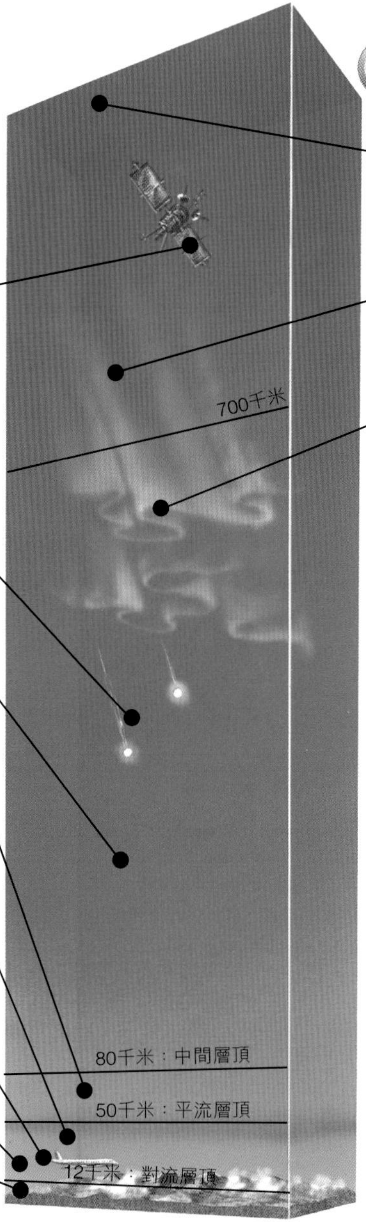

一些輕的氣體，比如氫和氦，繼續從大氣層的外緣向太空逃逸

低空衛星在大氣層外層運行

外逸層

極光是一道道閃亮的光幕，在極地上空出現。它們是由從太陽逃逸的粒子撞擊大氣層上層的空氣而產生的

700千米

大氣層使我們免受來自外太空的隕石和輻射的傷害

熱成層

中間層

平流層含有臭氧層，它使我們免受太陽紫外線的輻射

飛機爬升到平流層，尋找無風的空域

平流層

對流層，我們就生活在這一層

80千米：中間層頂

50千米：平流層頂

12千米：對流層頂

- **在熱成層，**溫度非常之高，但是這裡幾乎沒有氣體，也就無所謂真正的熱量。在700千米的高空，溫度從零下120℃升高到2,000℃。
- **外逸層**是大氣層的最高層，在這裡，大氣層漸漸趨沒到太空的虛無裡。

◀ *大氣層充滿了無色、無味、無臭的氣體，並混雜有水分和細微的塵埃。它厚達1,000千米，但沒有明確的邊界，而是漸漸消失在太空。從下往上，每一層所含的氣體越來越少。最上面一層非常稀薄，這意味着氣體非常地少了。*

空氣中的水分

▲ *雲是空中可見的液態水分。它們是由空氣中的水蒸汽冷卻凝聚而成的。*

- **距地面10千米**的空中，空氣總是濕潤的，因為它包含一種看不見的氣體，叫作水蒸汽。
- **空氣中**含有大量水蒸汽，足以將整個地球淹沒，深度可達2.5米。
- **水**從海洋、河流和湖泊中蒸發，形成水蒸汽，融入空氣中。
- **水蒸汽**冷卻並凝聚（成水滴），形成雲時，它就會離開空氣。大多數的雲最終都會變成雨，這樣，水就重新返回了地面。這一過程，稱為“降水”(precipitation)。

- **空氣**就像海綿一樣，吸收不斷蒸發的水分，直至飽和。空氣只有在變暖並膨脹時，才能吸收更多的水分。
- **飽和的空氣**冷卻下來後就會收縮，將水蒸汽擠壓出來，使之凝聚成水滴。這種情況得以發生的溫度，叫作露點(dew point)。
- **濕度**(humidity)是指空氣中所含水分的總量。
- **絕對濕度**(absolute humidity)，指一定體積的空氣中所含水分的總重量（按克計量）。
- **相對濕度**(relative humidity)，通常是一個百分比值，指空氣中的水分總量與空氣飽和時所能容納的水分總量的比值。

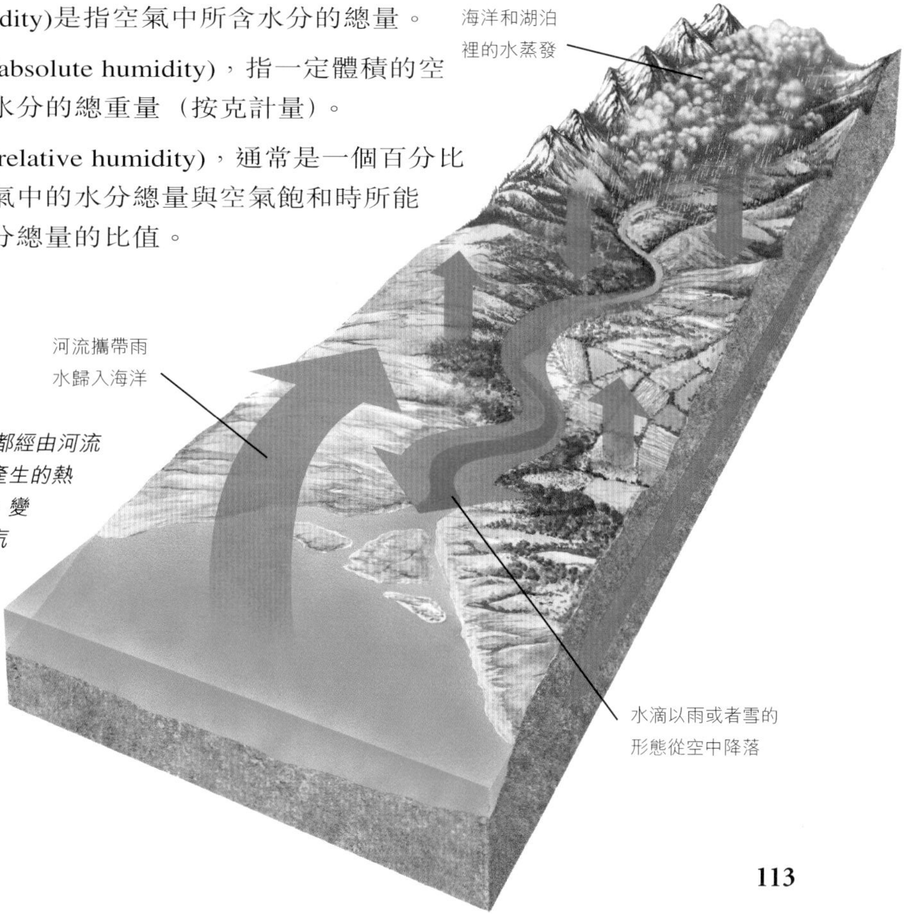

海洋和湖泊
裡的水蒸發

河流攜帶雨
水歸入海洋

水滴以雨或者雪的
形態從空中降落

▶ *大多數降雨，都經由河流進入海洋。太陽產生的熱量使得海水蒸發，變為水蒸汽。水蒸汽冷卻，形成雲，雲又產生降雨，接着又開始整個循環。*

雲

有趣的事實

雷積雨雲(cumulonimbus thunder cloud)是最高的雲，通常超過10千米高。

▲ *捲雲(cirrus cloud)往往飄在高空中，有時高度超過10,000米。*

- **雲**是凝聚在一起的大團的水滴和冰晶(ice crystal)，這些水滴和冰晶非常微小，高高地飄浮在空中。
- **積雲**(cumulus cloud)是絨毛狀的白色的雲。當暖空氣上升並冷卻到水蒸汽凝聚的溫度時，積雲就會堆積而成。
- **暖空氣**劇烈上升，會產生巨大的積雨雲(cumulonimbus cloud)或雷雨雲(thunder cloud)。

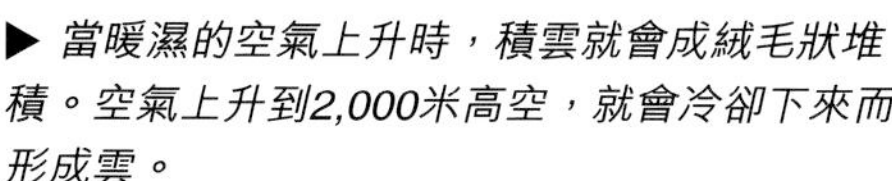
▶ *當暖濕的空氣上升時，積雲就會成絨毛狀堆積。空氣上升到2,000米高空，就會冷卻下來而形成雲。*

- **層雲**(stratus)是大團的不定形的雲，當一層空氣冷卻到水分凝聚的溫度時，層雲就會形成。它們常常會帶來長時間的小雨。
- **捲雲**是小團的雲，它是在很高的空中形成的，完全由冰組成。高空中強勁的風把它們吹成“馬尾雲”(mare's tail)。
- **低雲**(low cloud)位於距地面2,000米的空中，包括層雲和層積雲(stratocumulus cloud)（即頂部舒展開來的積雲）。
- **“中雲”**(middle cloud)這個詞，通常有一個前綴“alto”(高)，稱為“高中雲”，位於2,000－6,000米的空中，包括大團的“高積雲”(altocumulus cloud)和單薄的高層雲(altostratus)。
- **高空雲**(high-level cloud)是由冰組成的雲，位於11,000米的高空。它們包括捲雲、捲層雲(cirrostratus)和捲積雲(cirrocumulus)。
- **凝結尾跡**(contrail)是噴氣式飛機留下的、由冰晶組成的行跡。

霧與靄

有趣的事實

煙霧(smog)是霧與被污染的空氣混合形成的濃霧。

▲ *圖為印度恆河，霧從水面裊裊上升飄散。*

- **靄**(mist)和雲一樣，是由許許多多飄浮在空氣中的水滴組成的。霧(fog)則是靠近地面形成的。
- **當空氣冷卻到**一定程度，它所包含的水蒸汽凝聚成水時，靄便形成了。
- **氣象學家**將霧定義為"能見度低於1千米的靄"。
- **霧**主要有四種：輻射霧(radiation fog)、平流霧(advection fog)、鋒面霧(frontal fog)和上坡霧(upslope fog)。
- **輻射霧**是在寒冷、晴朗、無風的夜晚形成的。地面散失在白天吸收的熱量，導致上面的空氣冷卻，形成輻射霧。

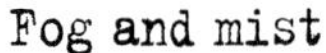

▲ *大量的水分從森林樹木的葉上蒸騰，在清涼的晚上凝聚，清晨則形成濃濃的晨靄。*

- **平流霧**是在暖濕的空氣流過寒冷的地面時形成的。這一過程使得空氣大幅度冷卻，其中的水分凝結。
- **海霧**是一種平流霧，是在暖空氣流過冰冷的沿岸水域和湖泊時形成的。
- **鋒面霧**是沿着鋒面形成的霧（見“天氣鋒面”）。
- **上坡霧**是暖濕的空氣爬升到山地並冷卻時形成。

雨

▲ *當濕潤的空氣急劇抬升時，就會開始下雨。雲中的水滴和冰晶大量凝聚，雲就會變成烏色。*

- **雨**是從含有大量水滴和冰晶的雲中降下的。厚厚的雲會擋住陽光。
- **雨**的專業名稱叫作“降水”(precipitation)，這個術語也涵括了雪、凍雨(sleet)和雹(hail)。
- **從雨層雲**(nimbostratus cloud)降下的0.2-0.5毫米的水滴，叫“毛毛雨滴”(drizzle)。雨層雲降下的雨滴，直徑通常為1-2毫米。雷雨雲降下的雨滴，則能達到5毫米。雪就是冰晶。凍雨是雨和雪的混合，或者是部分融化的雪。

- **雲中的水滴**和冰晶大量凝聚，以至空氣無法承受其重，這時候便開始下雨。
- **濕潤的空氣**上升並冷卻，造成大量的水滴凝聚，“雲滴”(cloud drop)就會增加。成團上升的暖空氣在天氣峰面形成雷雨雲，或者被迫爬過丘陵時，就會發生這種情況。
- **在熱帶地區，**雨滴因互相碰撞而在雲中增大。在低溫地區，冰晶也會增大。
- **世界上**降雨最多的地方，是夏威夷的威樂樂山(Wai-ʻale-ʻale)，一年有350天在下雨。
- **最濕潤的地方**是哥倫比亞的圖圖嫩多(Tutunendo)，每年的降雨量是11,770毫米（倫敦只有70毫米）。
- **1952年，**印度洋上的留尼旺島(La Réunion)一天降下了1,870毫米的雨水。
- **1970年，**位於西印度群島的瓜德羅普島(Guadeloupe)，一分鐘內降下了38.1毫米的雨水。

◀ 季風攜帶的濕潤空氣到達印度和孟加拉國，被迫向山上爬升。在爬升過程中，空氣冷卻下來，沉積水分，形成雨水。

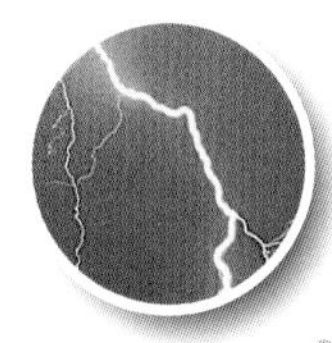

雷暴

▲ *龐大、高聳的雷暴積雨雲(cumulonimbus storm cloud)在空中可以累疊到16千米高。*

- **當強大的上升氣流**形成懸於高空的積雨雲時，便會形成雷暴。
- **雷雨雲中的水滴**和冰晶在彼此猛烈撞擊，充滿靜電。
- **負電荷下潛到雲的底部；**正電荷則上升。不同的電荷彼此相遇，就會產生閃電。
- **片狀閃電**(sheet lightning)是在雲中出現的閃電。叉狀閃電(forked lightning)是從雲層直貫地面的閃電。

- **叉狀閃電**開始時，會有一道快速、微暗的閃電由雲層直貫地面，這道閃電叫做“先導閃擊”。它預示着在瞬間會出現一道巨大、緩慢的“迴返閃擊”(return stroke)。
- **當空氣**被閃電加熱，瞬間飆升到25,000℃時，空氣膨脹，震波(shock wave)會發出響聲，這便是雷。
- **聲音**比光行進得慢得多，因此，在我們和雷暴之間，每隔1公里，我們聽到雷聲就會遲滯三秒鐘。
- **任何時候，**全世界都會有2,000個雷暴，每個雷暴都會產生一枚氫彈的能量。每秒鐘有100個閃電球(lightning bolt)擊中地球。
- **閃電的亮度，**比1,000萬個100瓦的燈泡還要亮。它在瞬間產生的功率，比美國所有的電廠總量還要多。閃電的行進速度每秒鐘可高達10萬千米，其路徑只有一根手指那麼寬，但長度可達14千米。片狀閃電則可長達140千米。
- **閃電**會把地面下的沙土熔成堅硬的玻璃狀的透明物質，形成所謂的“閃電熔石”(fulgurite)。

▲ *美國內華達州的閃電景觀，是世界上最壯觀的。炎熱的午後堆積在雲層中的能量，在夜晚釋放出來。*

日照

▲ *沒有日照，地球就會是寒冷、黑暗、死寂的星球。*

- **任何時候，**地球都有一半面積暴露在太陽下。來自太陽的輻射，是地球上能量的主要來源。太陽輻射提供大量的熱和光，要是沒有這些，地球上就不會有生命。
- **“solar”**一詞指和太陽有關的所有事物。
- **大約**有41%的太陽輻射是光；51%是我們肉眼看不見的長波輻射，比如紅外線。其他的8%是短波輻射，比如紫外線。
- **照向地球的太陽輻射中，**只有47%真正到達地面；剩下的都被大氣層吸收或者反射回去。

 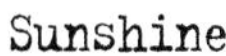     

- **空氣**在很小程度上是直接受熱於太陽的。相反，是地面反射的熱量使得空氣變暖。
- **到達地面的太陽輻射，**叫作“日射能量”(insolation)。
- **太陽抵達地面的總熱量，**取決於太陽光線的角度。太陽在空中的位置越低，其光線照射面越大，因此釋放的熱量越少。
- **在熱帶地區**的夏季，日射能量最高。在極地的冬季，日射能量最低。
- **熱帶地區**每天接收的熱量，是北極或者南極的兩倍半。
- **一些物質的表面**會比其他物質的表面更好地反射太陽的熱量，並使空氣變暖。物質表面反射出的熱量（佔外來總熱量）的百分比，叫作“反照率”(albedo)。雪和冰的反照率為85-95%，因此，它們即便使得空氣變暖，也會冰凍不化。森林的反照率為12%，因此它們會吸收很多的太陽熱量。

◀ *太陽可以用來發電。太陽照射在太陽電池上，電流就會從電池的一極流向另一極。*

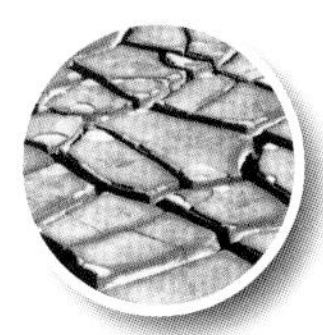

乾旱

▲ *在乾旱期間，莊稼、植物和動物都會受害。*

- **長時期內**降雨太少，便會形成乾旱。
- **在乾旱期，**土地皸裂，地下水位下降，河流停止流動，植物死亡。
- **沙漠地區**永久乾旱。許多熱帶地區有季節性乾旱，旱季很長。
- **乾旱**常常伴隨高溫，高溫又通過蒸發加劇了水的散失。
- **1931年到1938年間，**乾旱使得美國的大平原退化成"乾旱塵暴區"(dustbowl)，因為土壤乾透後變成了沙塵。1950-1954年，乾旱再次降臨。
- **沙漠化**(desertification)指沙漠形態擴張到周圍的草原。它是氣候變化或者人類活動導致的。

- **乾旱，**再加上日益增加的牲畜和人口，對非洲撒哈拉南部的薩赫勒(Sahel)地區產生了很大的壓力，導致大面積的沙漠化。
- **乾旱**使得薩赫勒地區反覆出現饑荒，尤其是在蘇丹和埃塞俄比亞。
- **薩赫勒地區**的乾旱，部分可能是由厄爾尼諾（El Niño）現象引發的——這種現象，是指太平洋的洋流在秘魯海岸倒流，每2-7年發生一次。
- **1276-1299年的大乾旱，**毀壞了美國西南部古代印第安文明建立的城市，導致這些城市被荒棄。

▲ *乾旱烘烤土地，使之嚴重收縮並出現裂縫。即便有了降雨，這些土壤也不再吸收水分。*

寒冷

▲ *天氣很冷時，雪會保持鬆軟，呈粉狀，通常會隨風飄灑。*

- **冬天天氣寒冷，**是因為白天短，熱量少。太陽總是以一個很低的角度掃過地球，散播它的熱量。
- **地球上最寒冷的地方**是北極和南極。這兩個地方，即便在夏季，太陽也以低角度照射，冬天的夜晚則幾乎長達24個小時。
- **在南極洲，**“冷極”(Polus Nedostupnosti)的平均氣溫是零下58℃。
- **見諸記錄的最低氣溫**是零下89.2℃，1983年7月21日出現在南極洲的弗斯托克(Vostok)。

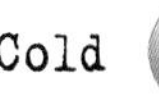

- **內陸地區**冬天也會很冷，因為陸地熱量散失得很快。
- **當空氣冷卻**到冰點(freezing point)（0℃）時，空氣中的水蒸汽就會凝固（成固體），而不首先變成露水。冷空氣以白色冰晶或霜的形式覆蓋地面。
- **當露水**在冰冷的玻璃上一點一點地冰凍時，結的冰會有一個羽毛狀的尾巴，這就是“星霜”(fern frost)。
- **當潮濕的空氣**吹過非常寒冷的地面，並在地面上結成冰時，形成的霜呈長而尖的針狀，這就是“白霜”(hoar frost)。
- **如果雲和霧中的水滴**在冰點以下仍然保持液態，它們撞擊物體後迅速形成的一層厚厚的冰狀覆蓋物，叫作霧凇(rime)。水滴接觸地面，結成的冰非常硬實。
- **雨水**落在非常寒冷的路上，就會形成黑冰(black ice)。

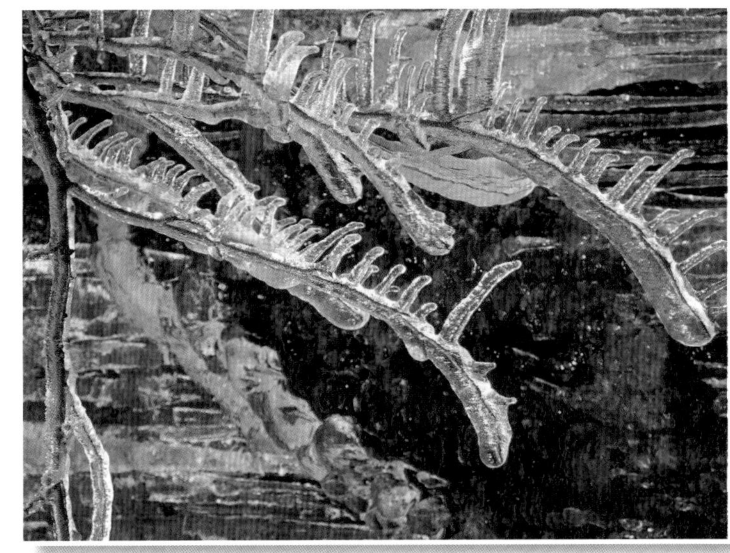

▶ *霧凇是水分冷卻到0℃以下，又尚未在地面凍結前形成的一層厚厚的冰。*

雪

- **雪**是晶體狀的冰。在嚴寒的天氣，空氣過於寒冷，不能將冰化為雨，冰便直接從雲端落下，形成雪。
- **在熱帶以外**的地區，大部分雨起初是作為雪降落的，但在降落的途中融化。
- **美國北部**下的雪比北極下的雪多，因為北極太冷，下不了雪。
- **當空氣的溫度**在冰點附近徘徊時，雪會下得最大。
- **降雪**很難預報，因為氣溫僅僅上升1℃左右，雪就能變成雨。
- **所有的雪花**都有六個邊。它們通常由扁平的晶體組成，但是針形和柱形也偶有發現。
- **奔雷**(W.A.Bentley)是美國的一名農場主，他藉助顯微鏡拍攝了數千片雪花，

▲ *新降落的雪中含有90％的空氣，因此雪實際上能隔熱保持地面溫度，從而保護植物。*

 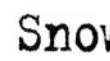     

從未發現兩片相同的雪花。

- **1959年2月，**加利福尼亞的沙斯塔．思齊山(Mt.Shaska Ski)的低窪地在六天內就堆積了4,800毫米的積雪。
- **1911年3月，**加利福尼亞的塔瑪拉克（Tamarac）被厚達11,460毫米的雪掩埋。南極洲則被掩埋在超過4,000米的雪下。
- **雪線**是指整個夏天山上積雪覆蓋的最低線。熱帶地區的雪線為5,000米，阿爾卑斯山的雪線為2,700米，格陵蘭地區為600米，南極洲則與海平面相同。

▶ *雪覆蓋地面後，通常融化得很慢。這是因為它反射了大部分陽光。*

風

- **風**是流動的空氣。強風是快速流動的空氣；微風是流動較慢的空氣。
- **空氣**所以流動，乃是因為太陽使得一些地方比另一些地方暖熱，造成氣壓的差異。
- **暖熱**使得空氣膨脹並上升，氣壓降低。寒冷使得空氣變得密集，氣壓上升。
- **風**由高氣壓區吹向低氣壓區。
- **氣壓差越大，**風吹得越強勁。

▼ *通過風輪機（wind turbine），風能可以轉化為電能。*

- **在北半球，**風呈順時針方向旋出高氣壓區，呈反時針方向旋進低氣壓區。在南半球，情況正好相反。
- **盛行風**（prevailing wind）指經常從同一個方向吹來的風。風是根據其吹來的方向命名的。例如，西風是從西方吹來的風。
- **在熱帶地區，**盛行風是暖熱、乾燥的風。在靠近赤道的地區，它們是從東北方和東南方吹向赤道的。
- **在中緯度地區，**盛行風是暖熱、潮濕的西風。

▲ 空氣中聚集的太陽熱能越多，風就越大。這就是最強勁的風會出現在炎熱的熱帶地區的原因。

有趣的事實

世界上風力最大的地方是南極洲的喬治五世高地（George V），時速320千米的風在這裡是常見的。

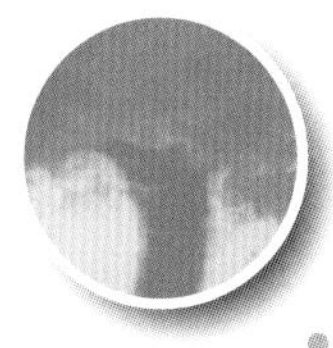

龍捲風

- **龍捲風，**又叫特維斯托龍捲（twister），是在雷雨雲下呈狹長漏斗狀的、激劇旋轉的風。
- **龍捲風**僅僅在幾分鐘之內就會呼嘯而過，但會造成巨大的破壞。
- **龍捲風**內部的風速很難測量，但人們相信其時速超過400千米。
- **龍捲風**是在巨大的雷雨雲下生成的，這種雷雨雲叫做“超級細胞”（supercell），是沿着冷鋒形成的。
- **英格蘭**每平方公里出現的龍捲風，比其他國家多得多，但它們一般都很溫和。
- **美國堪薩斯州**的“龍捲風走道”（Tornado Alley）每年發生1,000次龍捲風。其中一些威力巨大。
- **龍捲風**可以按富士級（Fujita scale）來分級，

超級細胞雲

在旋轉的大團塵土裡，龍捲（funnel）與地面相接

雲底

▶ *龍捲風在美國中部尤其有破壞性，但在有雷暴的地方，就會出現龍捲風。*

▶ *龍捲風形成於雷雨雲的內部。在這裡，高空的風將急劇上升的暖空氣扭聚成一個柱狀的氣流旋渦。當空氣被捲入這個旋渦或“中氣旋”（mesocyclone）時，就會在地面上呈螺旋狀前進。*

從F0（輕型龍捲風）遞增到F6（超乎想像的龍捲風）。

- **F5級的龍捲風**（驚人的龍捲風）可以把一座房子捲起，把一輛巴士挾裹幾百米。
- **1990年，**堪薩斯的一場龍捲風把一輛88節車廂的火車捲離軌道，然後又摔下來，殘骸堆得有四節車廂那麼高。

有趣的事實

1879年，堪薩斯的一場龍捲風擰斷了一座鐵橋，並捲乾橋下的河水。

颶風

- **颶風**是威力巨大的、旋轉的熱帶風暴，也叫做畏來-畏來（willy-willy）、氣旋（cyclone）或者颱風（typhoon）。
- **晚夏，**當眾多的雷暴在暖熱的（至少27℃）海洋上生成時，颶風也隨之形成。
- **隨着颶風增強，**它們會糾結在一起形成一個渦旋，中間則是一個無風的環狀低壓區，稱為“風眼”（eye）。
- **颶風**以大約每小時20千米的速度向西移動。它們衝擊東海岸，帶來暴雨和時速360千米的狂風。
- **一般來講，**颶風是指風速超過每小時119千米的風暴。
- **颶風**平均持續3-14天。在向極地運動，融入寒冷的空氣時，它們就消失了。
- **每年的每個颶風**都有一個名字，按字母順序排列，其依據是世界氣象組織（the World Meteorological Organization）頒發的一個命名表。比如，某年的第一個風暴，可能會被命

▶ *這幅衛星圖顯示一場颶風正靠近美國的佛羅里達州。注意，風暴的中心是黃色的風眼。*

▲ *颶風的風渦旋會造成廣泛的破壞。風暴的直徑在320-480千米之間。*

名為安德魯颶風（Hurricane Andrew）。

- **有史以來**最致命的氣旋是1970年衝擊孟加拉國的氣旋。因風暴產生的洪水使得26.6萬人死亡——大風驅動海水湧向陸地，導致海平面驟然上升。
- **颶風**每秒鐘產生的能量，與一顆小型氫彈相同。
- **在大西洋，**每年有35個熱帶風暴最終形成颶風；而全世界大約有85個。

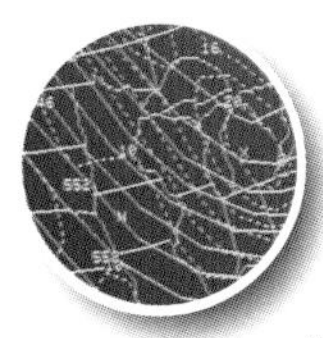

天氣預報

- **天氣預報**部分倚賴功能強大的電腦，以分析地球的大氣層。
- **有一種天氣預測，**是把空氣分為氣塊（parcel）。這些氣塊呈柱狀疊在遍布全球的網格點上。
- **全球**有超過100萬個網格點，每個網格點上面至少疊有30個氣塊。

▲ *氣象學家利用超級電腦收集的信息，作出未來24小時的天氣預報，並能作出未來一個星期的預報。*

▶ *這幅天氣圖顯示的是北美地區的等壓線（isobar）——即相同氣壓點的連線。這是由數百萬次觀測累積的。*

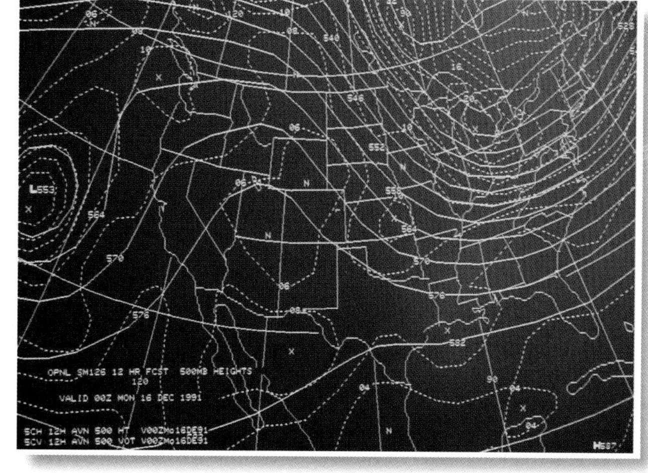

- **每天隔一段時間，**氣象台要對天氣情況做幾百萬次的同步測量。
- **每三個小時，**有10,000個地面氣象站記錄地面的情況。每十二小時，裝備有無線電探空儀的氣球進入大氣層，記錄高空的情況。
- **空中**的衛星對變化中的天氣雲圖做出一個全面的勾廓。
- **紅外線衛星圖，**可以顯示地球表面的溫度。
- **雲迹風**（cloud motion wind）會從雲移動的方向顯示風速和風向。
- **電腦**使得天氣可以提前三天得到準確的預報，提前14天進行預報也有一些可信度。
- **天體物理學家**皮爾斯・柯柏印（Piers Corbyn）發明了一套與太陽活動的變化相關聯的預報方法。

氣壓

- **儘管空氣很輕，**但幾乎無處不在，因此它在地水準面（ground level）仍然會產生巨大的壓力。氣壓是數十億個空氣分子快速運動時不斷撞擊產生的。
- **在地水準面，**空氣會向四處散逸，在每平方厘米的面積上產生超過1千克的力——也就是說，相當於一頭大象站在一張咖啡桌上。
- **由於太陽熱量不停變化，**氣壓隨時隨地不停地變化。
- **氣壓**是用一種叫做氣壓表（barometer）的裝置來測量的，以毫巴（millibar）為單位。
- **海平面**上正常的氣壓是1,013毫巴，但會在800毫巴和1,050毫巴之間變化。

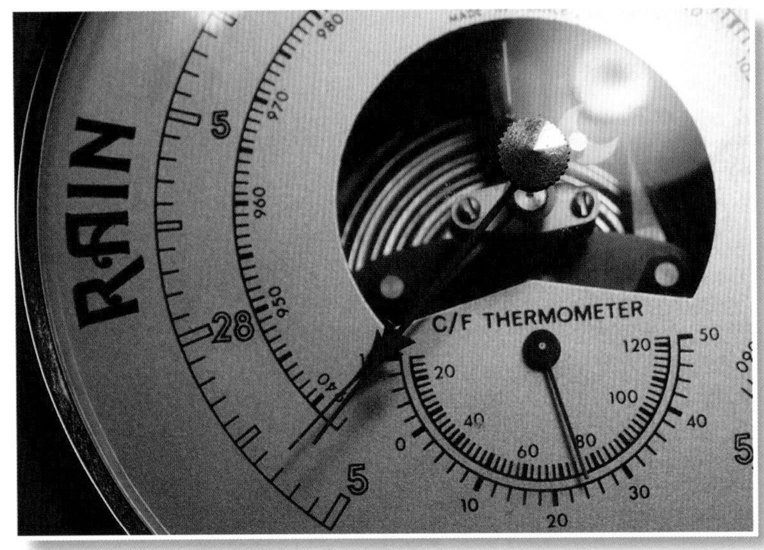

◀ *氣壓錶用來測量氣壓的變化。第一隻氣壓錶是由托里切利（Evangelista Toricelli）在1644年發明的。*

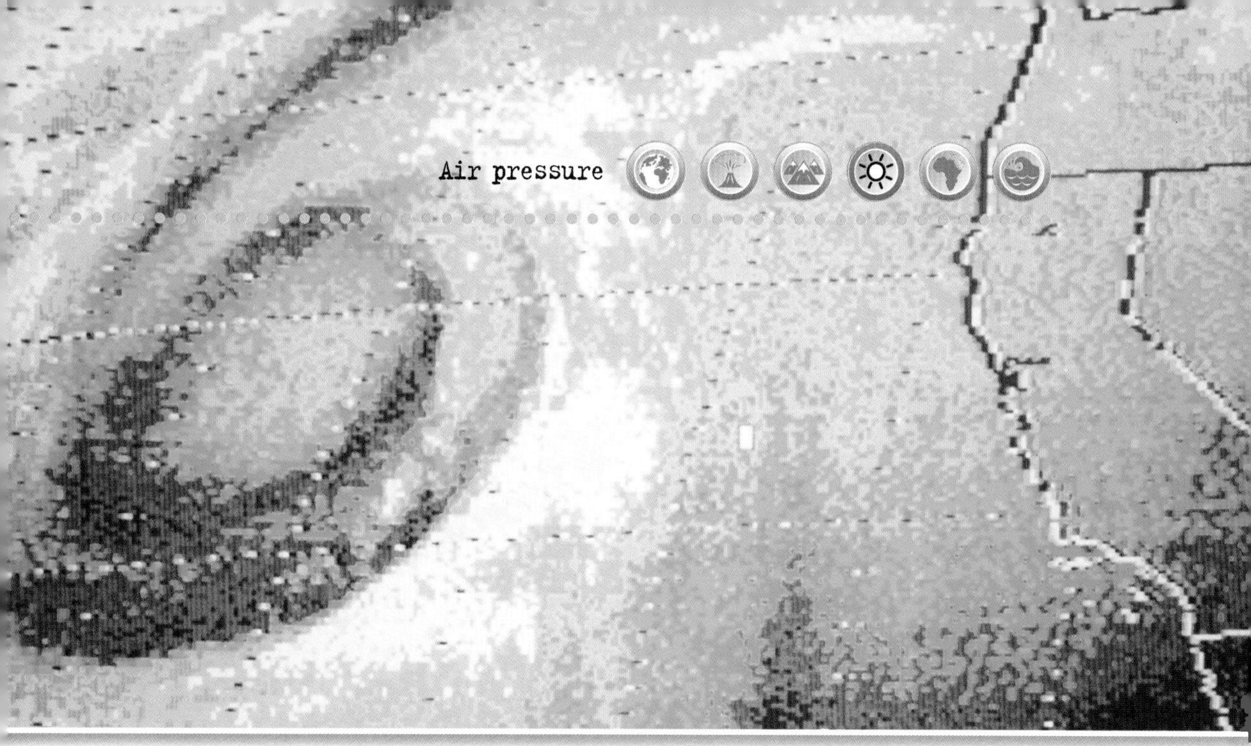

▲ *在這幅衛星照片裡，一團迴旋的雲顯示，低壓中的風暴天氣正在逼近美國的加利福尼亞。*

- **在天氣圖上，**氣壓是由一條條的線來顯示的，叫作等壓線，它將氣壓相同的地點連接起來。
- **高壓帶**（high-pressure zone）被稱作"反氣旋"（anticyclone）；低壓帶（low-pressure zone）被稱為"氣旋"，或者"低壓"（depression）。
- **氣壓表**可以幫助我們預報天氣，因為氣壓的變化是與天氣的變化聯繫在一起的。
- **氣壓下降，**是在警告風暴天氣將要來臨，因為低壓與風暴聯繫在一起。
- **穩定的高壓**顯示的是晴朗的天氣，因為高壓區的空氣下沉，意味着雲不會形成。

天氣鋒面

- **天氣鋒面**是一大團暖空氣與一大團冷空氣相遇的地方。
- **在暖鋒，**大團的暖空氣比冷空氣移動得快。暖空氣在“高壓楔”（wedge）緩慢爬到冷空氣上面。鋒面沿着300千米長的坡度緩慢上升1.5千米。
- **在冷鋒，**大團的冷空氣移動得快些。它切入暖空氣的底部，強迫暖空氣急劇上升，形成一個陡峭的“傾斜鋒面”（sloping front）。在大約100千米的距離裡，鋒面爬升1.5千米。
- **在中緯度地區，**鋒面是與廣闊的迴旋天氣系統相聯繫的，這些天氣系統叫做低壓。它們位於低壓區的中心，暖濕氣流在這裡上升。風朝低壓區旋進——在北半球呈逆時針，南半球呈順時針。
- **低壓沿着極鋒**（polar front）開始形成，這種鋒面在全球延伸。在極鋒，從極地擴散的冷空氣與從亞熱帶上升的暖濕空氣會合。
- **低壓形成時**是極鋒的一個“紐結帶”（kink）。當高空強勁的風把低壓向東拉動時，低壓就會變大，生成雨、雪和狂風。楔形的暖空氣侵入低壓中心，沿楔形的兩個邊緣會出現惡劣的天氣。一道邊緣是暖鋒，另一道是冷鋒。
- **暖鋒先行到達，**高空中出現的羽毛狀冰捲雲就是它到達的先兆。暖鋒移動時，天空中會佈滿青灰色的雨層雲（nimbostratus cloud），產生持續的降雨。暖鋒過去後，天氣會變得暖和，天會短暫放晴。

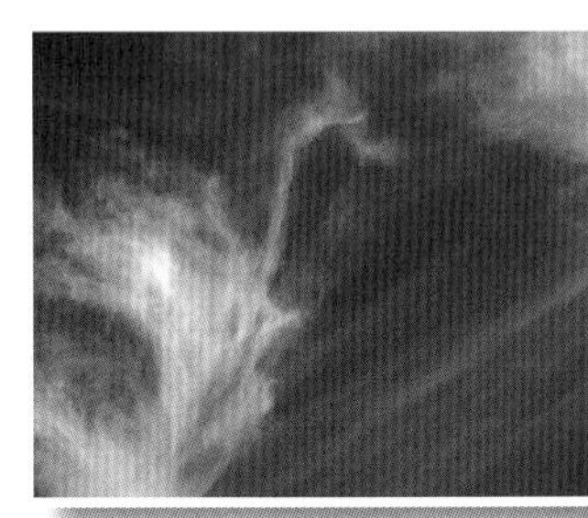

▲ 高空中的羽毛狀捲雲是暖鋒到來的明確徵兆，會產生持續降雨。當暖鋒到來時，冷鋒有可能緊隨其後，產生大雨、大風，甚至可能出現雷暴。

- **數小時後，**雷雨雲增加，大風猛颳，警示冷鋒即將來臨。冷鋒到達時，雲層會產生短而急的陣雨，有時會產生雷暴甚或龍捲風。
- **冷鋒過後，**空氣變得寒冷，天空放晴，飄着幾朵鬆軟的積雲。
- **氣象學家認為，**低壓是與強風聯繫在一起的，這強風叫做“急流”（jet stream），在極鋒上面高高地環繞着地球。低壓形成時會產生“羅斯比波”（Rossby wave），這是急流中一個巨大的紐結帶，長達2,000千米。

▼ *下圖顯示了在中緯度地區與低壓關聯的冷鋒和暖鋒簡單剖面圖。*

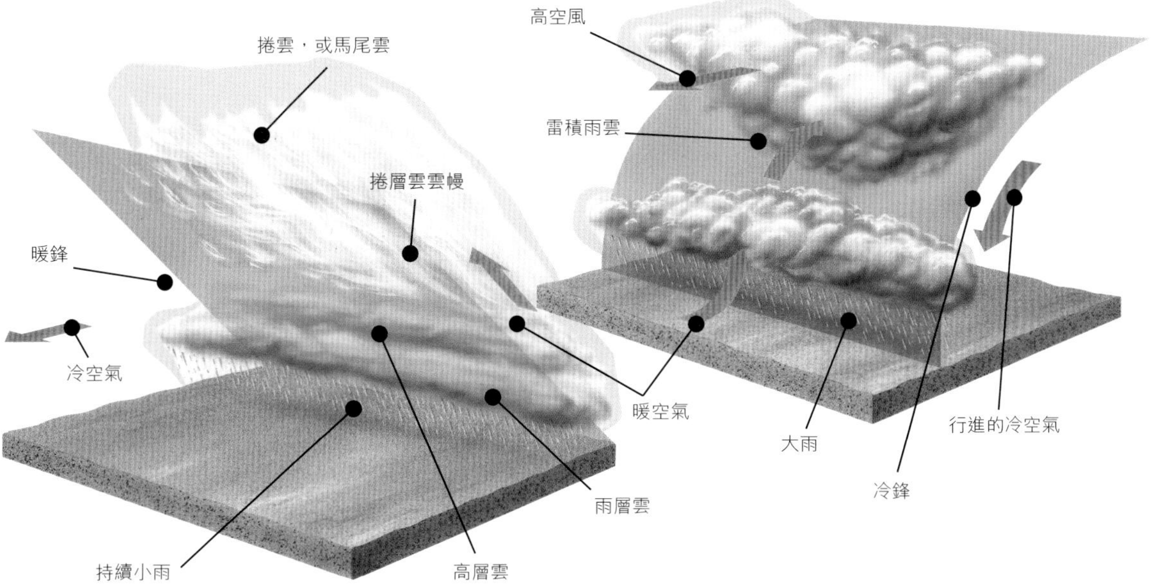

空氣污染

▲ *工廠排放各種污染空氣的煙霧。*

- **空氣污染**主要來自汽車、巴士和卡車排放的廢氣，燃燒廢棄物，工廠，電廠以及家庭燃燒油、煤和氣產生的廢氣。
- **空氣污染**也來自農戶的作物噴劑、畜牧場的動物、採礦和火山噴發。
- **有些污染物，**如煤煙和灰塵，是固態的，但更多的污染物是氣態的。
- **空氣污染**會擴張到很遠的距離。例如殺蟲劑，就已經在南極洲發現過，而這裡是從未使用過這種東西的。
- **大多數燃料**是叫作烴（hydrocarbon）的化學物質。所有沒有完全燃燒的烴在陽光下會發生化學反應，形成有毒的臭氧。

▶ *汽車使用的增加，使得空氣污染成為一個嚴重的問題，特別是在世界上的一些大城市。*

- **廢氣**在強烈的陽光下發生反應，形成臭氧，這時它們就會生成光化學煙霧（photochemical smog）。

有趣的事實

在中國城市本溪，工廠排放大量的煙霧，以致在衛星上根本看不見這個城市。

- **空氣污染**可能是全球變暖的主要原因（見“全球變暖”）。
- **空氣污染**會破壞地球大氣層內的臭氧層（見“臭氧洞”）。
- **有人認為，**呼吸墨西哥城內的空氣，和每天抽40支煙一樣有害。

酸雨

▲ *為降低酸雨，減少排放是必需的，但是安裝“滌氣器”（scrubber）以吸收硫和氧化氮，非常昂貴。*

- **所有的雨**都呈輕微的酸性，但是空氣污染會把雨變成有害的酸雨。
- **太陽光**使得二氧化硫和氧化氮與空氣中的氧和水份化合，就會形成酸雨。
- **二氧化硫**和氧化氮來自燃燒的礦物燃料，比如煤、石油和天然氣。
- **酸性**是用pH值來測定的。pH值越低，雨水的酸性越強。正常雨水的pH值為6.5。酸雨的pH值為5.7甚至更低。
- **在美國東部**和中歐，很多地方都有pH值為2–3的記錄。
- **酸霧**的酸性是酸雨的十倍。
- **酸雨**將土壤中的鋁沖刷到湖泊和河流中，這樣會毒死魚

有趣的事實

船舶的硫排放量到2010年會增加一倍，電廠排放量的降低因此被抵消。

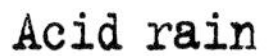

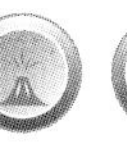

類。石灰岩有助於中和酸，但花崗岩區就很容易受到侵蝕。春天的融水尤其呈酸性，具有破壞性。

- **酸雨**會毀壞植物，帶走葉中的營養成分，阻止植物攝取氮。
- **酸雨**已經毀壞了歐洲20%的樹木，而在德國，有60%的樹木被毀壞。

▲ *酸雨污染溪流、河流和湖泊，殺死魚類和其他水生物。*

臭氧洞

有趣的事實

1996年，北極上空首次出現一個臭氧洞——現在它正變得越來越大。

▲ *氣象學家預測，到2030年，全球氣溫將升高2-4℃，除非我們減少製造的溫室氣體總量。*

- **地球上**的生命有賴於空中的臭氧層（見“大氣層”），它能為地球擋開太陽的紫外線。臭氧分子是由三個氧原子組成的，而不像氧那樣由兩個原子組成。
- **1982年，**科學家在南極發現，每年春天，南極上空的臭氧會損失50%。這一發現在1985年被雨雲-7號（Nimbus-7）衛星證實。
- **臭氧洞**指大氣中臭氧層非常稀薄的區域。

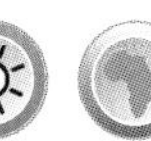

- **每年春天，**南極上空都會出現臭氧洞。
- **臭氧洞**一直處於TOMS（總臭氧量製圖光譜儀，Total Ozone Mapping Spectrometer）衛星的監測下。
- **臭氧的損失，**是由人造氣體造成的，最主要的是氟氯碳化物。（chlorofluorocarbons， CFCs），這種氣體在空中飄蕩，會與臭氧化合。
- **CFCs**在很多東西中都有使用，比如電冰箱、氣霧噴劑，和用來製作快餐盒用的泡沫塑料。
- **CFCs**在1996年被禁止使用，但在禁令生效前100年，它可能會一直存在下去。現在臭氧洞還在擴大。
- **來自太陽的紫外線**有三種：紫外線A（UVA），紫外線B（UVB）和紫外線C（UVC）。氧和臭氧都能吸收UVA和UVC，但只有臭氧能吸收UVB。臭氧每損失1%，到達地球表面的UVB就增加1%。

▼ *臭氧的減少，最初是由科學家在南極發現的。*

全球變暖

▲ 全球變暖會使地中海變成這樣子嗎？

- **全球變暖**是指全球的平均氣溫增加。在整個20世紀，這一增幅為0.3℃－0.8℃。
- **現在，**大多數科學家都認為，全球變暖是由人類活動造成的，這些活動加劇地球的溫室效應。
- **溫室效應**是指空氣中的某些氣體——主要是二氧化碳——滯留太陽的一些熱量的方式，這些氣體就像和溫室的玻璃牆面和棚頂。

▶ 燃燒煤和石油（礦物燃料），會釋放二氧化碳進入大氣層，這樣就會產生溫室效應。

- **溫室效應**使得地球很暖和——但是，如果這種效應增長，地球就會變得非常熱。
- **很多專家預測，**在未來的100年裡，平均氣溫會上升4℃。
- **人類**燃燒礦物燃料，例如煤、石油和天然氣，產生二氧化碳，使得溫室效應增強。
- **全世界**的牛排放溫室氣體甲烷（methane），也被認為是全球變暖加劇的原因之一。
- **全球變暖**將越來越多的熱量阻攔在大氣層裡，風暴天氣正變得越來越劇烈。
- **全球變暖**會融化極地的很多冰蓋，使得一些低窪國家，如孟加拉國洪水泛濫。

有趣的事實

最近的觀測表明，全球變暖的情況比我們以前認為的要嚴重得多。

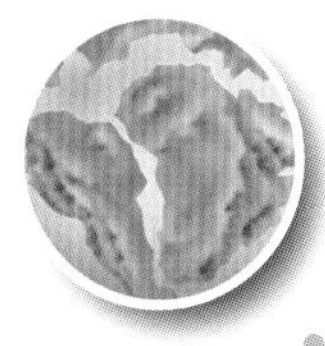

大陸漂移

- **大陸漂移**是指大陸在全球的緩慢移動。
- **大約2.2億年前，**所有的大陸都是連在一起的，形成一個超大陸（supercontinent），地質學家稱之為“泛古陸”（Pangaea）。
- **泛古陸**在大約2億年前開始斷裂。斷塊緩慢漂移開去，形成我們現在知道的幾塊大陸。
- **南美洲**過去與非洲連在一起，北美洲則與歐洲連在一起。
- **顯示**所有大陸曾經連在一起的迹象，最先是由德國探險家洪堡（Alexander von Humboldt, 1769-1859）發現的，這個迹象就是巴西（南美洲）和剛果（非洲）兩地的岩石非常相似。
- **1923年，**德國氣象學家魏格納（Alfred Wegener, 1880-1930）提出了大陸漂移的觀點，當時有很多科學家笑話他。美國哲學學會（the American Philosophical Society）的主席斥之為“一派胡言”。
- **關於大陸漂移的有力證據，**來自在彼此孤懸的大陸發現的相同古化石，比如，在澳大利亞和印度都發現了舌羊齒蕨類植物（Glossopteris fern）；在歐洲和北美洲都發現了一種像螈一樣的昆蟲（Diadectid insect）；在非洲、印度、中國和南極洲都發現了水龍獸（Lystrosaurus），這是2億年前的一種熱帶爬行動物。
- **衛星**提供了極其精確的測量方式，實際上也能測量出大陸的緩慢移動。主要的手段是衛星激光測距（satellite laser ranging, SLR），也就是從每個大陸上的地面站發射一束激光，由衛星反射回來。其他的手段包括使用全球定位系統（Global Positioning System）和甚長基線干涉儀（Very Long Baseline Interferometry）。
- **大陸的漂移速度**差別很大。印度板塊往北向亞洲板塊漂移得很快。南美洲板塊每年漂移20厘米，漸漸遠離非洲。一般來說，大陸移動的速度，與指甲生長的速度相同。

有趣的事實

紐約正以每年2.5厘米的速度遠離倫敦。

▼ *很難相信大陸是移動的，但它們就是在移動。歷經數千萬年，它們移動了很遠的距離。在過去的2億年裡，大陸漂移已經非常非常緩慢地改變了世界地圖，在未來還將繼續改變。*

1. 大約2.2億年前，所有的大陸都是連在一起的，成為“泛古陸”超大陸。周圍只有一個巨大的海洋，稱為“泛古洋”(Panthalassa)，意思是“到處都是海洋”。

2. 到2億年前，泛古陸分裂成兩個巨大的陸塊(landmass)，叫作勞亞古陸(Laurasia)和岡瓦納古陸(Gondwanaland)，兩者被特提斯海(Tethys Sea)分開。大約1.35億年前，這兩個陸塊也開始分裂。

3. 大約1.10億年前，北美大陸和南美大陸終於開始連接起來。後來，澳大利亞大陸和南極大陸分離。印度大陸從非洲大陸斷裂，迅速往北漂向亞洲大陸。歐洲大陸和北美大陸大約在6,000萬年前開始移動開來，大約與此同時，恐龍滅絕。

4. 所有的大陸並沒有停止移動。北美大陸仍然在繼續遠離歐洲大陸——離亞洲大陸越來越近。

歐洲

▲ *在地中海沿岸各國的經濟中，旅遊佔有重要的地位。*

- **歐洲**是最小的大陸，面積只有10,400,000平方公里。就其面積來說，歐洲擁有很長的海岸線。
- **在北部，**是古老的冰蝕山脈斯堪的納維亞山（Scandinavia）和蘇格蘭山（Scotland），這兩座山曾經比現在高很多很多。
- **貫通**中部的是北歐平原低地，從俄羅斯的烏拉爾山脈（Urals）一直延

伸到西部的法國。

- **由於**非洲大陸向北漂移，衝擊歐洲大陸，所以南歐的大部分地區都是重重疊疊的年輕山脈。
- **歐洲的最高峰**是厄爾布魯士山（Mt. Elbrus），位於俄羅斯的高加索山脈（Caucasus），高5,642米。
- **歐洲的西北部**曾經與加拿大相連。加拿大東部古老的加勒東（Caledonian）山脈，格陵蘭島，斯堪的納維亞山脈和蘇格蘭山脈，是3.6-5.4億年前一齊形成的，是同一道山系。
- **歐洲的地中海地區**屬地中海氣候，夏天暖熱，冬天暖和。

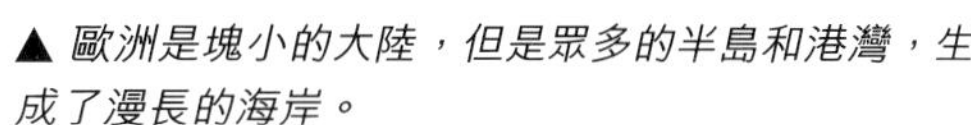

▲ 歐洲是塊小的大陸，但是眾多的半島和港灣，生成了漫長的海岸。

- **歐洲西北部**經常潮濕多風。冬天很暖和，因為北大西洋暖流（見“洋流”）流經這裡。
- **俄羅斯的新地島**（Novaya Zimlya）遠在北極圈內，冬天為冰所封。
- **歐洲最大的湖泊**是俄羅斯的拉多加湖（Ladoga），面積為18,389平方公里。

大洋洲

▲ *大堡礁（the Great Barrier Reef）棲息着1,500種魚類。*

- **大洋洲**是一個廣闊的地區，包括一些深入太平洋的島嶼。陸地面積為8,508,238平方公里。而海洋總面積比陸地面積大很多很多。
- **澳大利亞**是世界上唯一的本身就是一塊大陸的國家。
- **大洋洲**最大的島嶼是新幾內亞島（New Guinea），總面積為787,878平方公里。

- **弗雷澤島**（Fraser Island）位於澳大利亞昆士蘭海岸，是世界上最大的沙島（sand island），有一條沙丘長達120千米。
- **大洋洲**大部分為熱帶氣候，澳大利亞北部的平均氣溫為30℃，島嶼上的氣溫則稍微低一些，在這裡海洋使得陸地冷卻下來。
- **新西蘭的最南端**離南極圈只有幾千公里。由於處於這個位置，新西蘭只有溫和的夏天和寒冷的冬天。
- **大洋洲的最高峰**是威廉姆峰（Mt Wilhelm），位於巴布亞新幾內亞，有4,300米高。
- **大堡礁**是世界上最大的生物，有2,027千米長。它是從太空中能夠見到的、由動物組成的唯一構造。
- **澳大利亞大陸**是大約2億年前從泛古陸（見“大陸漂移”）斷裂開來的第一塊大陸，因此衍生出自己獨特的野生動物。
- **澳大利亞大陸**位於印度—澳大利亞板塊上，正在非常緩慢地向北移動，遠離南極大陸。新西蘭則位於該板塊與太平洋板塊之間的邊界上。

▲ *除了澳大利亞陸塊，大洋洲的大部分都是寬闊的水域。*

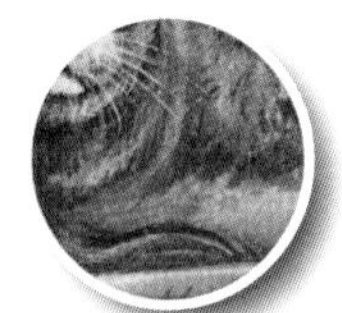

亞洲

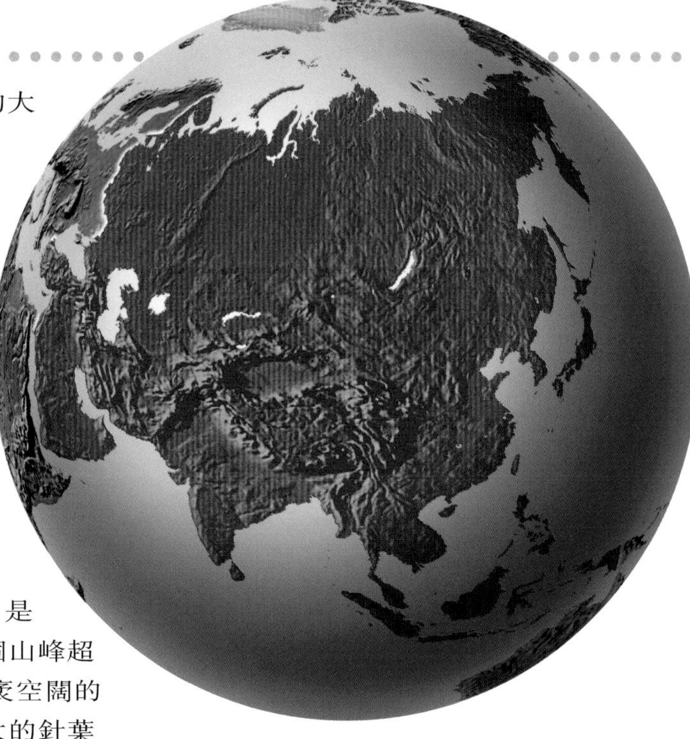

▲ *亞洲是一個廣袤的大陸，北部有寬廣的平原和濃密的森林，由喜瑪拉雅山與炎熱的南部隔離開來。*

- **亞洲大陸**是世界上最大的大陸，西起歐洲，東至日本。總面積為44,680,718平方公里。
- **亞洲大陸的氣候**懸殊巨大，北部有寒冷的極地氣候，南部有炎熱的熱帶氣候。
- **西伯利亞**的弗爾克揚斯克（Verkhoyansk）地區的氣溫，高者可達37℃，低者可達零下68℃。
- **喜瑪拉雅山**（Himalaya）是世界最高的山脈，有14個山峰超過8,000米高。以北是廣袤空闊的荒漠、寬廣的草原和巨大的針葉林。以南是肥沃的平原、谷地和濕熱的熱帶叢林。
- **北亞**位於一個巨大的構造板塊上。

有趣的事實

貝加爾湖（Lake Baikal）是世界上最深的湖泊——深達1,743米——擁有世界上20%的淡水。

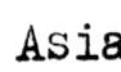

- **印度**位於一個獨立的板塊上，該板塊在5,000萬年前與北亞板塊碰撞。它在北上時鏟入北亞板塊，堆疊起喜瑪拉雅山。
- **亞洲**最長的河流是中國的長江，長6,300千米。
- **亞洲最高的山，**就是世界最高峰——珠穆朗瑪峰，位於尼泊爾與中國的邊境線上，高8,848米。
- **里海**位於阿塞拜疆（Azerbaijan）和哈薩克斯坦（Kazakhstan）邊境，是世界上最大的湖泊，面積為378,400平方公里。

▲ *位於俄羅斯西伯利亞的貝加爾湖，有2,500萬年的歷史。它蘊藏着全世界1/5的淡水。湖水是由注入其中的336條河流帶來的。貝加爾湖有世界上獨一無二的淡水海豹，在其眾多獨特的動物中，有一種魚，是胎生繁殖的。*

非洲

- **非洲**是世界上第二大的大陸。北起地中海，南到好望角。總面積為30,131,536平方公里。
- **非洲**是世界上最暖熱的大陸，幾乎完全位於熱帶和亞熱帶。
- **撒哈拉沙漠**的氣溫，是地球上最高的，常常在50℃以上。
- **非洲北部**的撒哈拉沙漠，南部的卡拉哈里沙漠（Kalahari），是世界上最大的沙漠。兩個沙漠之間，大部分是稀樹草原（savannah）和灌木。在西部和中部，則是葱鬱茂盛的熱帶雨林。

▲ *非洲是一塊廣袤、炎熱、非常平緩的大陸，覆蓋着稀樹草原、沙漠和熱帶雨林。*

▲ *在稀樹草原，樹和灌木很少見，只有雨季到來時新草才會生長。*

有趣的事實

尼羅河是世界上最長的河流，長6,738米。

- **非洲的大部分**由廣闊的平原和高原構成，在有些地方會被山脈隔斷，比如西北部的阿特拉斯（Atlas）山脈和中部的魯文左里（Ruwenzori）山脈。
- **非洲大裂谷**（the Great Rift Valley）從紅海起延伸了7,200千米。它是地球表面一個巨大的裂縫，是兩個巨大的構造板塊彼此拉張而形成的。
- **非洲最大的湖泊**是維多利亞湖（Victoria），面積為69,484平方公里。
- **非洲最高的山**是乞力馬扎羅山（Kilimanjaro），有5,895米高。
- **世界上最大的沙丘**高430米——即阿爾及利亞的爾格·提芬奈因（Erg Tifernine）沙丘。

北美洲

▶ 北美洲於大約1億年前從歐洲大陸分離出來。如今它仍然以每年2.5厘米的速度遠離歐洲大陸。

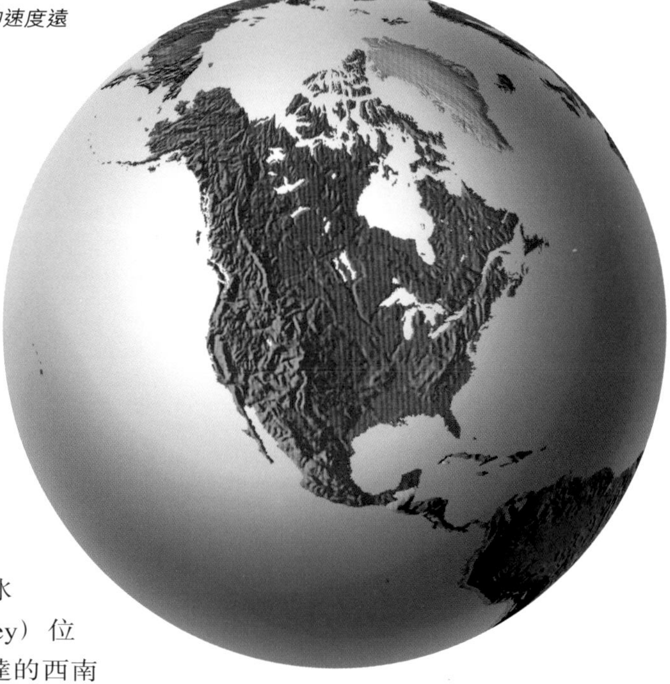

- **北美洲**是世界上第三大的大陸，面積為24,230,000平方公里。
- **北美洲**呈三角形，其長邊瀕臨冰冷的北冰洋，短邊則臨着炎熱的加勒比海。
- **北美洲的北部**位於北極圈內，一年中大半冰封。死谷（Death Valley）位於加利福尼亞和內華達的西南荒漠中，是地球上最炎熱的地方之一。
- **北美洲的兩邊**都有山脈綿亙——東部有古老荒涼的阿帕拉契亞山脈（Appalachians），西部有年輕高峻的洛基山脈（Rockies）。
- **兩條山脈之間**是廣袤的內陸平原。這些平原是在非常古老的岩石上形成的，其中最古老的岩石位於北部的加拿大地盾（Canadian Shield）。

- **北美洲**是地球上最古老的大陸。它的一些岩石幾乎有40億年的歷史。
- **大峽谷**（the Grand Canyon）是世界上最壯觀的峽谷之一，長440千米，有些地方深達1,800米。
- **北美洲最長的河流**是密西西比—密蘇里河，長6,019千米。
- **最高的山**是麥金雷山（Mt McKinley），位於阿拉斯加，高6,194米。
- **五大湖**蓄有世界上1/5的淡水。

▼ *大峽谷佔地幾達500,000公頃，是北美洲最受歡迎的旅遊地之一。*

南美洲

▲ *亞馬遜熱帶雨林覆蓋面積大約為600萬平方公里。*

- **南美洲**是世界上第四大的大陸，總面積為17,814,000平方公里。
- **安第斯山脈**（the Andes Mountains）在西部綿亘4,500多千米，是世界上最長的山脈。
- **南美洲的中心地區**是寬廣的亞馬遜熱帶雨林，位於亞馬遜河及其支流沿岸。

- **南美洲東南部**主要是廣袤的格蘭查科（Gran Chaco）草原、潘帕斯無樹大草原（the Pampas）和巴塔哥尼亞高原（Patagonia）。
- **其他大陸**都沒有如此深入南半球。南美洲延伸到南極圈內1,000千米。
- **南美洲**四分之三的地區位於熱帶。在安第斯山高處，大多數地區是涼爽的溫帶氣候。
- **厄瓜多爾**的基多（Quito）被稱為“長春之境”（Land of Eternal Spring），因為其夜間氣溫從未低於8℃，白天則從未高於22℃。
- **南美洲最高的火山**是阿空加瓜山（Aconcagua），高6,960米。

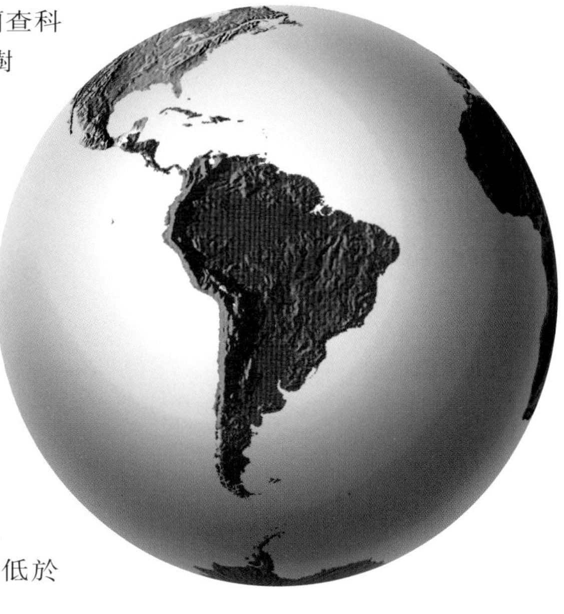

▲ *南美洲呈三角形，在所有的大陸中，相對其面積而言，它的海岸線最短。*

- **9,000萬年前，**在大西洋開始形成之前，南美洲東部與非洲的西部是連在一起的。

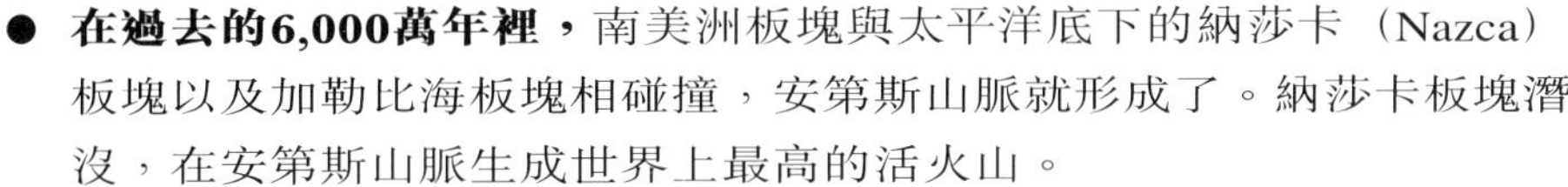

- **在過去的6,000萬年裡，**南美洲板塊與太平洋底下的納莎卡（Nazca）板塊以及加勒比海板塊相碰撞，安第斯山脈就形成了。納莎卡板塊潛沒，在安第斯山脈生成世界上最高的活火山。

南極洲

▲ *南極洲不屬於任何國家。根據1959年的《南極洲條約》（Antarctic Treaty），12個國家同意僅用它來作科學研究。*

- **南極洲**是一塊冰封的大陸，位於南極。面積為1,400萬平方公里，比大洋洲大。
- **這裡**是地球上最寒冷的地方。即便在夏天，氣溫也很少升到零下25℃以上。1983年7月21日，沃斯塔克（Vostok）科學考察站的氣溫驟然下降到零下89.2℃。
- **南極洲**是地球上最乾旱的地方之一，很少下雨，也很少下雪。這裡風也很大。

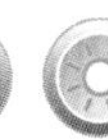

▶ *這幅地圖標示了七個國家目前在南極大陸上的國際要求（international claim）。*

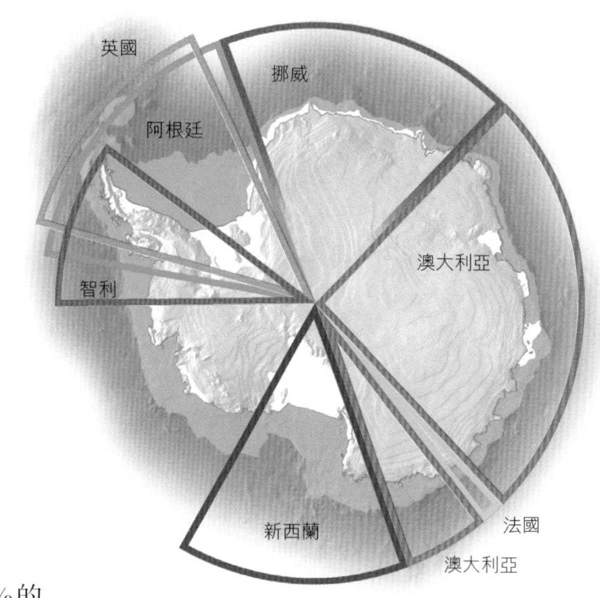

- **大約8,000萬年前，**南極洲與澳大利亞是連在一起的。
- **3,800萬年前，**南極洲上開始有冰川形成，自1,300萬年前起，冰川迅猛增多。在過去的500萬年裡，南極大陸98%已經為冰覆蓋。
- **南極冰蓋**蘊藏着世界上70%的淡水。
- **深陷在地表以下**的深層海盆，覆蓋着最厚的冰蓋——達到4,800米。如此深厚，足以埋沒阿爾卑斯山。
- **南極洲多山。**最高點是文森峰（the Vinson Massif），高5,140米，而在特蘭薩克特山脈（the Transarctic Range）有很多山峰超過4,000米。
- **地磁南極**——指南針指向的那一極——每年會移動8千米。
- **熱帶植物**和爬行動物的化石表明，南極大陸曾經處於熱帶地區。

山脈

▲ *地球表面的構造板塊彼此碰撞，岩層就會起褶皺，山脈隨之隆起。*

- **巨大的山脈，**如南美洲的安第斯山脈，通常位於大陸的邊緣地帶。
- **大多數山脈，**是在構造板塊一起緩慢地運動時，岩層起褶（見"褶皺"）而形成的。
- **高大的山脈**在地質學上是年輕的，因為它們很快就會被侵蝕掉。喜瑪拉雅山是2,500萬年前形成的。
- **很多山脈**仍在增高。由於印度板塊撞擊亞洲板塊，喜瑪拉雅山每年都會增高幾厘米。

- **造山運動**非常緩慢，因為岩石流動，就像黏稠的糖漿。一個構造板塊推動另一個構造板塊時，岩石被向上推動，就像船前面的“頭波”（bow wave）一樣。
- **衛星技術證實**，安第斯山脈和喜瑪拉雅山脈中間地段的山峰都在上升。外圍的山峰則在下沉，因為岩石緩慢移動，離開了“頭波”。
- **在持續數百萬年的造山期，**造山運動非常活躍。
- **地方不同，**造山期也不同，例如，歐洲的加勒東造山運動（Caledonian）、海西造山運動（Hercynian）和阿爾卑斯造山運動（Alpine），北美洲的休倫造山運動（Huronian）、內華達造山運動（Nevadian）和帕斯迪納造山運動（Pasadenian）。加勒東造山運動出現於5.5億年前。
- **造山運動**使得地殼在山脈下尤其深厚，使山脈有很深的“根”。
- **山受到侵蝕，**其重量會減少，“根”就會上浮。這叫作地殼均衡說（isostasy）。

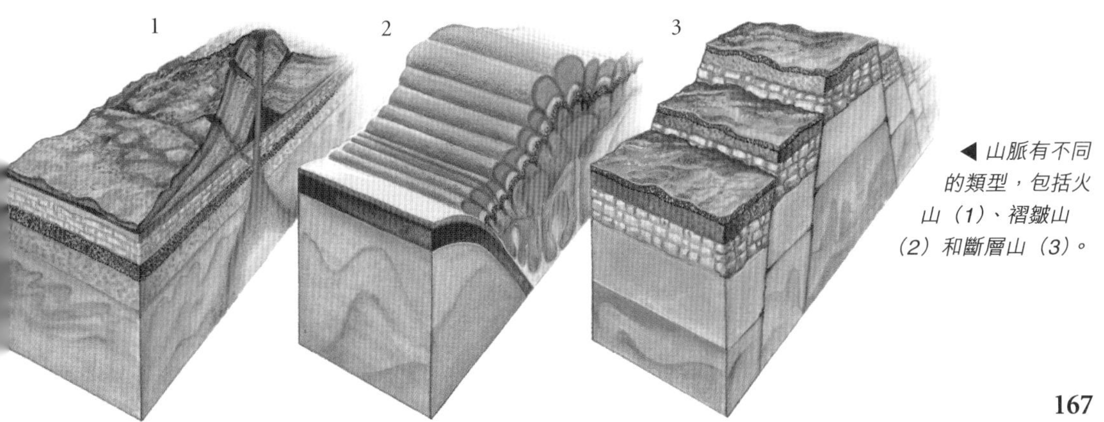

◀ 山脈有不同的類型，包括火山（1）、褶皺山（2）和斷層山（3）。

高山

- **有少數高山**是獨自峭拔的火山，比如非洲的乞力馬扎羅山，是因多次噴發而形成的。
- **有一些火山**在火山弧（見“火山帶”）呈鏈狀分佈，例如日本的富士山。
- **大多數高山**是巨大山脈的組成部分，這些山脈綿延不絕，往往超過數百公里。
- **有些山脈**是巨大的石板，叫作“斷塊”（見“斷層”）。它們是因為地震而被迫上升的。
- **最大的一些山脈，**如喜瑪拉雅山脈和安第斯山脈，都是褶皺山脈。

▼ *高峰都呈尖狀突起，因為大量的褶皺會使岩石斷裂，使之非常容易受到高處嚴霜的侵蝕。*

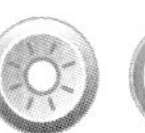

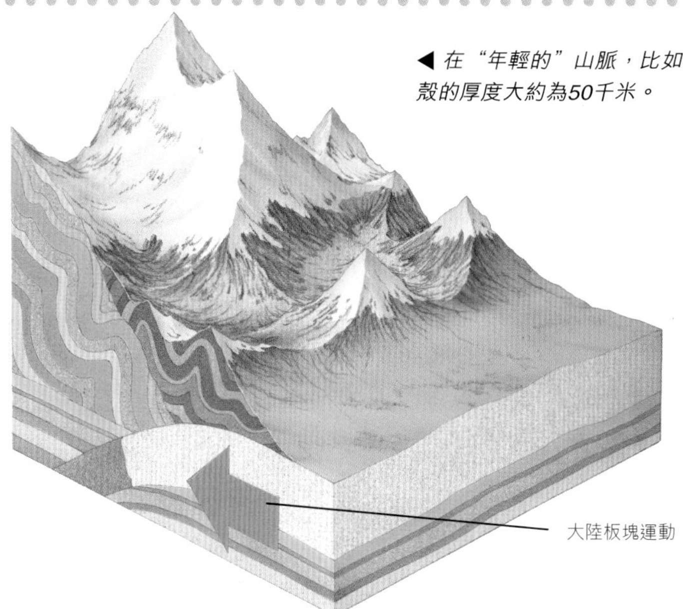

◀ *在"年輕的"山脈，比如喜瑪拉雅山脈下面，地殼的厚度大約為50千米。*

- **山的高度**過去是在地面上進行測量的，使用水準儀和瞄準裝置測量角度。現在，使用衛星技術對山進行測量，會更精確一些。
- **1999年的衛星測量**將世界上的最高峰——尼泊爾與中國邊境上的喜瑪拉雅山脈的珠穆朗瑪峰——的高度由8,848米提升為8,850米。
- **世界上超**過8,000米的14個高峰都在喜瑪拉雅山脈——分別分佈在尼泊爾、中國和喀什米爾。
- **每爬升100米，**氣溫就降低 0.6℃，因此山峰上都很寒冷，且經常為積雪覆蓋。
- **在山上，**空氣稀薄，因此氣壓也要低些。登山者可能需要用氧氣罩幫助呼吸。

大河

▲ *所有的大河都會在其低下的河段形成相同的馬蹄形河曲。*

- **對河流長度的測量，**因所說的源頭不同而有一些差異。因此，有人說非洲的尼羅河是世界上最長的河流；其他人則稱南美洲的亞馬遜河比尼羅河還要長。
- **亞馬遜河**的源頭到1971年才發現，位於安第斯山脈高處終年積雪的湖區。它是美國人拉格納·麥克因泰爾（Laguna McIntyre）發現的，是以名之。
- **亞馬遜河的總長度**是6,750千米，而尼羅河為6,670千米。
- **亞馬遜盆地**面積超過700萬平方公里。
- **中國的長江**是世界上第三大河流，長6,300千米。
- **世界上最長的支流**是流入亞馬遜河的馬代臘河（Madeira）。這條支流長3,380千米，長度排名世界第十八位。
- **世界上最長的河口灣**是俄羅斯的鄂畢河（Ob）

有趣的事實

泛濫的亞馬遜河，可以在13秒鐘內水淹世界上所有大型的體育場。

▲ *在巴黎，塞納河流經30多座橋。*

河口灣，寬80千米，長885千米。

- **鄂畢河**是世界上最大的冬季冰凍河。
- **最短的河流**是北岔鹿河（North Fork Roe River），位於美國的蒙大拿州，只有17.7米長。

大湖

- **世界上的大湖，**大多位於曾經為冰川覆蓋的地區。冰川在岩石上蝕出一個深的凹地，水在此匯集。美國和加拿大的五大湖，起初就有部分是冰川。
- **在美國的明尼蘇達州，**有11,000個湖泊是由冰川作用形成的。
- **世界上最深的湖泊，**常常是由地殼中的斷層作用形成的，比如西伯利

▲ *世界上的許多大湖是由冰川作用形成的，而且最終都會消失。*

亞的貝加爾湖（見"亞洲"）和東非的坦噶尼喀湖（Lake Tanganyika）。

- **大多數湖泊**只能持續存在一兩千年，此後會被泥沙淤積，或者因地貌變化而乾涸。
- **世界上最古老的大湖泊**是西伯利亞的貝加爾湖，已經有超過200萬年的歷史。
- **五大湖**包括世界上最大的五個湖泊中的三個：蘇必利爾湖（Superior）、休倫湖（Huron）、密執安湖（Michigan）。
- **世界上最大的湖泊**是里海（見"亞洲"），是一個位於海平面以下的鹹水湖。面積為371,000平方公里。
- **世界上最高的大湖，**是提提喀喀湖（Lake Titicaca），位於南美洲，海拔3,812米。
- **世界上最低的大湖**是死海（Dead Sea），位於以色列和約旦邊境，比海平面低399米，並且一直在變得更低。
- **世界上最大的地下湖**是德勞臣—浩克洛克湖（Drauchen-hauchloch），位於納米比亞（Namibia）的一個山洞裡。

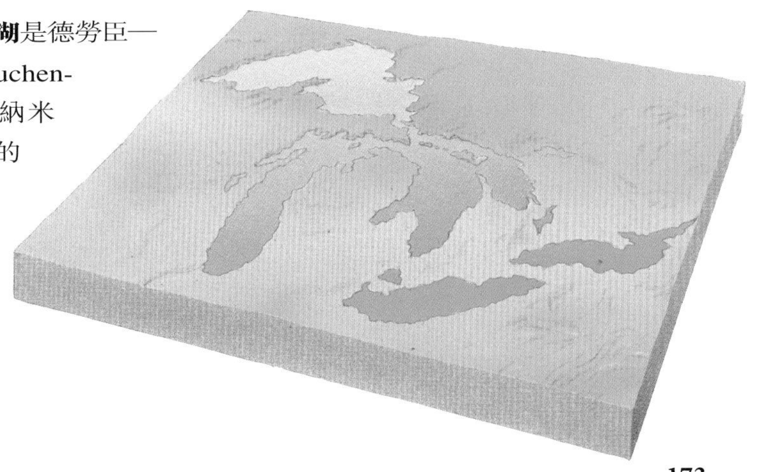

▶*五大湖是世界上最大的淡水湖群，蓄藏了世界上地表淡水的18%。*

生物群落區

◀ 一些極端的環境，比如沼澤泛濫，會在同一個生物群落區生成不同種類的群落。

- **生物群落區**是指地球上特定區域內適應相同環境的動植物組成的群落。
- **生物群落區**也叫作“主要生命地帶”或者“生物地理區”。
- **一個地區**的土壤和動物與該地的植被密切相關。生物群落區一般是根據當地的主要植被來命名，比如草原和針葉林。
- **植被**又與氣候密切相關，因此生物群落區與氣候帶相對應。
- **主要的生物群落區類型**包括：凍原(tundra)、北方(寒帶)針葉林(boreal [cold] coniferous forest)、溫帶落葉林(temperate deciduous forest)、溫帶草原(temperate grassland)、稀樹草原(savannah, 即熱帶草原 [tropical grassland])、熱帶雨林(tropical rainforest)和荒漠(desert)。
- **大多數類型**的生物群落區在不同的大陸都有發現。
- **一個生物群落區類型中**的物種，在一個大陸與在另一個大陸是不同的，但植被的種類是相同的。

▲ *稀樹草原，是樹木稀少、遍地草長的平原，佔非洲陸地面積的2/5。*

- **很多動植物**都有一些生物特徵使之專門適應特定的生物群落區。
- **北極熊**能適應北極的生活；仙人掌有很好的本領，能在沙漠中存活下來。
- **生物群落區**在海洋中也存在，例如珊瑚礁。

生態系統

- **生態系統**是由相互作用的生物及它們周圍的環境組成的群落。
- **生態系統**可以是任何東西，可以是一塊正在腐爛的木頭，也可以是一片巨大的沼澤。在每個生態系統中，每一個生物體都是彼此依賴的。
- **植被**佔據一個地方時，在此生長的第一批植物既矮小又單一，比如苔蘚和地衣。禾草和莎草是接下來才出現的。
- **單一植物**固定了土壤，大型和更高級的植物方得以生根。這叫作植被演替(vegetation succession)。
- **熱帶雨林生態系統**只佔世界上陸地面積的8%，但涵括了世界上40%的植物和動物物種。
- **農業耕作**對自然生態系統有巨大的影響，使得物種數量急劇減少。
- **綠色植物**是自養生物(autotroph)，或者說是生產者(producer)，意味着它們(靠太陽光)自己生產食物。
- **動物**是異養生物(heterotroph)，或者說

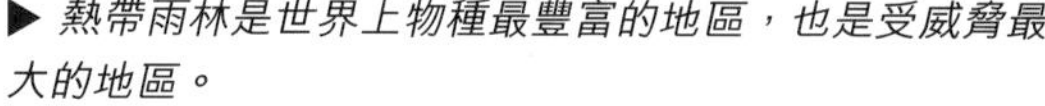

▶ *熱帶雨林是世界上物種最豐富的地區，也是受威脅最大的地區。*

是消費者(consumer)，意思是它們從其他生物那裡獲取食物。

- **初級消費者**(primary consumer)是以植物為食的食草動物(herbivore)。
- **二級消費者**(secondary consumer)是肉食動物(carnivore)，以食草動物或者其他肉食動物為食。

◀ *該圖顯示落葉疏林(deciduous woodland)植被的演進過程。這一構成被稱為植被演替。*

海

- **海**是小型的洋，被陸地完全或部分包圍。
- **海比洋要淺，**沒有什麼大的洋流在裡面流動。
- **在地中海和其他海裡，**潮汐(tide)會引起“湖震”(seiche)——這是一種駐波(standing wave)，時進時退地湧動，就像浴缸裡上下泛動的漣漪。
- **如果湖震**的自然波周期與海洋潮汐的不同，潮汐就會被抵消。
- **如果湖震**的自然波周期與海洋潮汐的相同，潮汐就會被放大。
- **科學家認為，**地中海在600萬年前是一片乾旱的荒漠。他們相信，當時它比現在要低3,000米，為鹽所覆蓋。

▲ *地中海溫暖的海水吸引旅遊者到西班牙海岸。*

- **近來**關於微體化石(microfossil)的研究則表明，地中海從來沒有完全乾涸過。
- **溫暖的海，**比如地中海，蒸發掉的水要比它們從河流匯集的水多得多，因此有一道水流穩定地從大洋流進海裡。
- **溫暖的海**被蒸發掉的水很多，因此一般其含鹽量也要比開闊大洋的含鹽量高得多。

▼ *在被陸地包圍的海裡，海浪要比開闊大洋裡的小得多，因為海浪只有很少的空間推進壯大。*

有趣的事實

死海是地球上最低的海，在海平面以下400米。

太平洋

- **太平洋**是世界上最大的洋。它是大西洋的兩倍，覆蓋了超過1/3個地球，面積為1.81億平方公里。
- **從巴拿馬到馬來半島，**太平洋橫跨24,000多千米——比環繞了半個地球還多。
- **"太平"** (pacific)一詞意即"無風"。16世紀葡萄牙探險家麥哲倫(Magellan)非常幸運地發現這裡海風輕柔，是以名之。
- **太平洋上**點綴着數以千計的海島。有些是海底火山的頂峰，其他則是居於這些頂峰上的珊瑚礁。

▲ *太平洋上有數以千計、地勢低矮的海島，大多數僅高於海平面一米。*

◀ 加利福尼亞近岸海域蘊藏着豐富的石油——這是太平洋最重要的礦產資源。

- **太平洋**有世界上最大的潮汐(在朝鮮海岸超過9米)。其最小的潮汐(只有0.3米)位於太平洋中部的中途島(Midway Island)。
- **太平洋的平均深度**為4,200米。
- **在太平洋的邊緣地帶，**有一些深的海溝，包括世界上最深的海溝馬里亞納海溝(Mariana Trench)。
- **太平洋底**有一條巨大的海底山脈，叫作東太平洋隆起(the East Pacific Rise)，從南極洲一直延伸到墨西哥。
- **太平洋洋底**以每年12-16厘米的速度沿着東太平洋隆起擴張。
- **太平洋的海峰**(海底的山峰)比其他任何大洋的都要多。

大西洋

▲ *北大西洋潮濕寒冷的氣候常常使得海水變成鐵灰色。*

- **大西洋**是世界上第二大洋，面積為8,200萬平方公里，佔地球表面的1/5。
- **在其最寬的地方，**即西班牙和墨西哥之間，大西洋寬度為9,600千米。
- **"大西洋"**(Atlantic)一名是古羅馬人根據北非的阿特拉斯山脈(Atlas Mountains)擬定的。
- **在大西洋的主要部分，**島嶼很少，大多數島嶼靠近大陸。
- **大西洋的平均深度**為3,660米。
- **大西洋中最深的地方**是波多黎哥海溝(the Puerto Rico Trench)，位於波多黎哥海岸，深8,648米。

  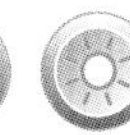  

- **中大西洋洋脊**(the Mid-Atlantic Ridge)是一條巨大的海底山脊，將海床分為兩半。沿着這條洋脊，大西洋正在變寬，每年2-4厘米。
- **中大西洋的島嶼**是沿中大西洋洋脊分佈的火山島，比如亞速爾群島(Azores)和阿森松島(Ascension Island)。
- **馬尾藻海(the Sargasso Sea)**是西大西洋一片巨大的海域，因為漂着大量的海藻而出名。
- **大西洋**是一個年輕的大洋，大約有1.5億年的歷史。

▲ *大西洋提供了世界上大約1/4的捕魚量。*

印度洋

▼ *印度洋上的很多島嶼都有珊瑚海灘。*

- **印度洋**是世界上第三大洋。其規模大約為太平洋的一半，佔世界海洋面積的1/5。其總面積為73,426,000平方公里。
- **印度洋的平均深度**為3,890米。
- **印度洋中**最深的地方是爪哇海岸的爪哇海溝(Java Trench)，位於印度尼西亞，深7,450米。這裡是大洋洲板塊潛沒(見“板塊聚合”)到歐亞板塊下面的分界線。

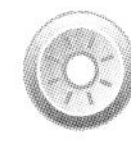

- **印度洋的最寬處**為10,000千米，位於非洲和澳大利亞之間。
- **科學家認為，**印度洋大約在2億年前開始形成，當時澳大利亞大陸斷離非洲大陸，接着是印度大陸斷離。
- **印度洋**每年擴張20厘米。
- **印度洋上**散佈着數以千計的熱帶島嶼，比如塞舌爾群島(Seychelles)和馬爾代夫群島(Maldives)。
- **馬爾代夫群島**地勢很低，如果全球變暖將極地冰融化，它們就會被淹沒。
- **和其他大洋不同，**印度洋的洋流每年兩次改變流向。冬天，它們被季風吹向非洲；夏天則從另一個方向流向印度。
- **波斯灣**(the Persian Gulf)是世界上最溫暖的海；紅海(the Red Sea)則鹽份最高。

▶ *在印度洋的溫暖水域，珊瑚礁極其豐富。*

北冰洋

▲ *利用加固的船頭的力量，破冰船可以在海冰中淌出一條航道來。*

- **北冰洋**的大部分長期為漂浮在洋面的大量海冰所遮蔽。
- **這裡**終年低溫，冬天平均氣溫為零下30℃，有時候會降到零下70℃。
- **在漫長的冬季**——這裡的冬季超過4個月——太陽從不會升到地平線以上。
- **北極**(the Arctic)之名，來自“*arctos*”一詞，這是希臘語，意思是“熊”，

因為大熊座(the Great Bear)位於北極上空。

- **在北極，**海冰有三種：極地冰(polar ice)、浮冰(pack ice)和固定冰(fast ice)。
- **極地冰**是永遠不會融化的大塊冰。
- **夏天，**某些地方的極地冰會很薄，只有2米，但在冬天，會厚達50米。
- **浮冰**是圍繞着極地冰邊緣形成的，只有在冬天的時候才完全凍住。
- **大洋裡的湧浪**(swell)會把浮冰割裂、擊打成堅實的冰障和奇異的冰雕。
- **固定冰**是冬天在浮冰和北冰洋周圍的陸地之間形成的。它所以得名，是因為它牢牢地與海岸連在一起。它不會像浮冰那樣隨着大洋上下運動。

▲ *海豹是能在北冰洋冬季嚴寒中生存的少數生物之一。*

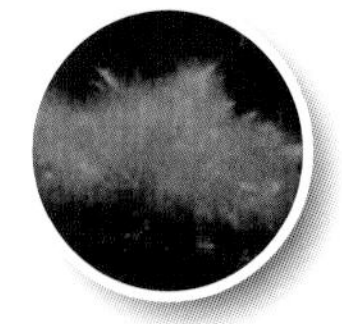

南冰洋

- **南冰洋**是世界上第四大洋。它整個地環繞着南極洲，面積為35,000,000平方公里。
- **南冰洋**是唯一環繞全球的大洋。
- **在冬天，**南冰洋超過一半為冰和冰山所覆蓋，這些冰山是從南極洲上的冰層斷裂下來的。
- **東風漂流**（the East Wind Drift）是環繞南極洲、靠近海岸、沿着逆時針方向流動的洋流。
- **在遠離南極洲的海岸，**南極洲環極洋流（the Antarctic circumpolar current）以相反的方向流動——即從西向東順時針流動。
- **環極洋流**比世界上的其他任何洋流攜帶的水都多。

▲ *許多企鵝，比如世界上最大的企鵝——皇企鵝(Emperor penguin)，生活在南冰洋的浮冰塊上。*

▲ *在南極冰層下，海洋的溫度只有零下2℃。冰冷的海水蘊藏着豐富的磷蝦 (krill)——一種細小的蝦狀生物。*

有趣的事實

環極洋流在48小時內就可以注滿北美的五大湖。

- **"咆哮四十度帶"** (the Roaring Forties)是位於南緯40°和50°之間的地帶。在這個地帶，強勁的西風毫無阻礙地繞着地球吹送。
- **"咆哮四十度帶"** 的海浪是世界上最大的海浪，有時候比十層樓還要高。
- **海冰**(sea ice)所形成的呈圓形的碎塊，叫作餅狀冰(pancake ice)。

海灘

- **海灘**是沿着海洋和湖泊邊緣傾斜的，由泥沙、粗礫或者卵石礫組成的地帶。
- **有些海灘**則完全是由珊瑚或者貝殼殘骸組成的。
- **在坡度較大的海灘，**每個海浪過後，回捲波非常強勁。它把海灘上的一些物質沖刷下來，使得海灘傾斜趨於平緩。
- **在坡度平緩的海灘，**每個海浪都是強勁地奔湧，輕緩地退落。物質被沖刷上海灘，使之趨於陡峭。
- **海灘的坡度**與海浪相關，因

有趣的事實

世界上最大的遊樂海灘是弗吉尼亞海灘，位於美國弗吉尼亞州，長度超過45千米。

▶ *海浪衝擊海岸，使得懸崖鬆動，導致部分懸崖塌入海中。*

▲ *海灘上的這些小港灣，是海浪從一個角度衝擊海灘時沖挖成的。*

此，在冬天，當海浪變得強大時，坡度常常變緩。

- **風暴海灘**(storm beach)是由在風暴中被拋到正常高潮痕(high-tide mark)以上的礫石和卵石堆積成的。
- **每一個海灘**的頂端，常常會在高潮痕處留下一個脊狀突起，叫作“後濱階地”(berm)。
- **海灘灘嘴**(beach cusp)是沙土圍成的微小港灣(bay)，當海浪從一個角度衝擊海灘時，這些港灣就會在海灘上被沖挖出來。
- **很多科學家認為，**海灘只是上個冰川期後海平面變化引發的暫時現象。

海岸

- **大約每六個小時，**浪來浪去，潮漲潮落，所以海岸線一直是在變化的。在相當長的時期裡，海岸線被海浪活動和鹽水侵蝕所改變。
- **在曝露的海岸，**海浪拍擊高處的岩石，從下面沖蝕坡岸，形成懸崖和陸岬(headland)。通常海浪會拍擊峭壁，形成海蝕洞(sea cave)，或者呼嘯着穿過拱洞(arch)。海蝕拱洞(sea arch)坍塌時，會遺留下高高的石柱，叫作浪蝕岩柱(stack)，這柱子會接着被沖蝕成樹樁似的殘迹。
- **海浪作用於岩石**有兩種方式。一是挾裹着石頭、重量巨大的海浪砸在岩石上。二是海浪擠迫空氣進入岩石的縫隙，藉着這種力量，岩石斷裂開來。
- **海浪的侵蝕力**集中在一個狹窄的波高(wave height)段。海浪沖蝕海崖(sea cliff)時，不會波及波高以下的岩石。但海崖後退時，海浪會削割出一片寬闊的突出岩石，叫作“浪蝕台”(wave-cut platform)。退潮時留在凹地裡的水會形成岩石區潮水潭(rockpool)。
- **在遮蔽較好，**不受海浪侵蝕的海岸，海水會把泥沙堆積起來，形成海灘(見“海灘”)。泥沙是由河流沖刷下來的，或者是從海崖上侵蝕下來的。
- **海浪**從一個角度擊打海灘時，它們會呈直角徑直退下海灘。海浪挾裹的泥沙和粗礫會沿着海灘退落得稍遠一些。就這樣，泥沙和粗礫彎彎曲曲地沿着海灘移動。這叫作沿岸物質流(longshore drift)。
- **在容易出現沿岸物質流的海灘上，**常常建有被稱為“丁壩”(groyne)的低矮籬笆，以阻止泥沙沿着海灘被沖刷流失。
- **沿岸物質流**會將泥沙沖離港灣和河口灣，形成砂洲(sand bar)，叫作沙嘴(spit)。
- **港灣**是海岸上寬闊的豁口，每邊各有一個陸岬。海浪首先到達陸岬，其能量集中拍擊這裡。陸岬上的物質受到沖蝕，被沖進港灣，形成灣頭灘(bay-head beach)。

- **小海灣**(cove)是小型的港灣。大灣(bight)是大的港灣，比如大澳大利亞灣(the Great Australian Bight)。海灣(gulf)是狹長的大灣。世界上最大的港灣是哈得遜灣(Hudson Bay)，位於加拿大，其海岸線長12,268千米。印度的孟加拉灣(the Bay of Bengal)在該地區是比較大的港灣。

▼ *海岸線的主要特徵。*

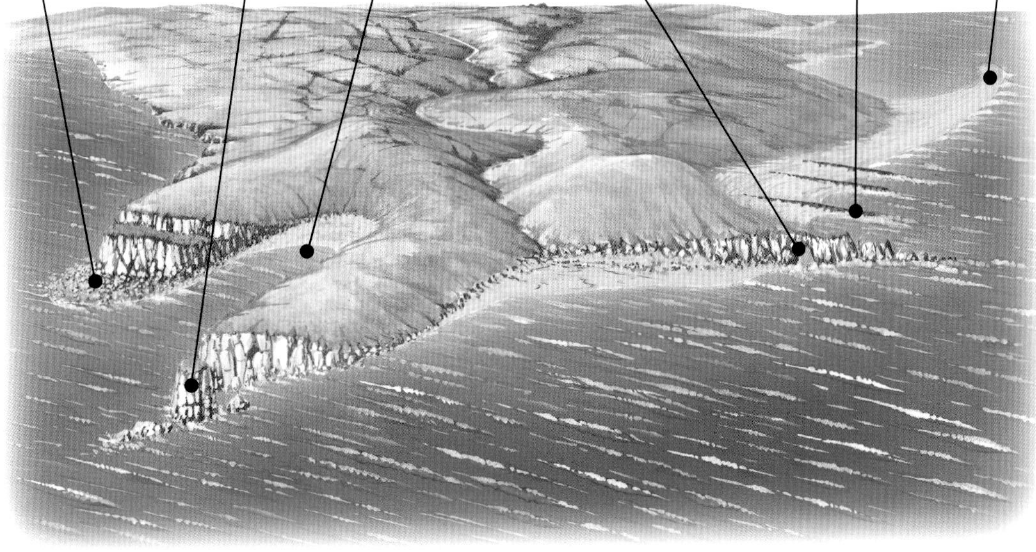

浪蝕台
浪蝕岩柱
港灣
拱洞
丁壩
沙嘴

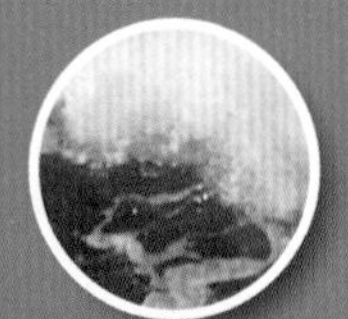

海浪

- **海裡的海浪**是在風吹過海洋，驅使海面出現漣波(ripple)時形成的。
- **空氣和水**之間的摩擦力，叫作風應力(wind stress)，它能輕微地颳動海水的粒子。
- **如果**風繼續沿着同一方向長時間地勁吹，移動的粒子會形成一道海水突起(ridge)。起初這只是一道漣漪，然後才成為海浪。
- **海浪**看上去是在移動，但是其中的海水是待在原地的，就像滾輪在傳送帶上轉動一樣。
- **海浪的大小**取決於風力的大小以及風吹得有多遠（即風區長度[fetch]）。
- **如果風區長度短，**海浪只會形成一片亂糟糟、波浪滔天的“海”。如果風區長度長，就會演變成一系列滾動的海浪，叫作“湧浪”（swell）。

▲ *海浪進入淺水區時，其中的水向上堆積，最後從上端摔下來，四下飛濺。*

有趣的事實

1933年，美國船隻拉瑪波號（Ramapo）在太平洋發現了高達40米的海浪。

- **30萬個海浪**形成的湧浪要比靜止的海浪大四倍。
- **最大的海浪**出現在南非的南部。
- **海浪**湧進淺海域時，海水的滾動被海床所阻礙。海水向上堆積，四下飛濺，形成碎波（breaker）。

津浪

- **津浪**（tsunami）是巨大的海浪，當地震、山崩或者火山噴發引發海底劇烈震動時，就會出現津浪。
- **在深海域，**津浪在海面下潛行，幾乎注意不到。然而，一旦它們到達近岸的淺海域，就會躥成30米甚至更高的海浪。
- **津浪**經常被錯誤地稱為"異常高潮"（tidal wave），但是它們和潮汐沒有關係。Tsunami 一詞本是日語，意思是"港口的海浪"。
- **津浪**一般奔湧十來次——從五分鐘到一小時不等。
- **津浪到達前，**海水會急劇退縮，就像浴缸裡的水被排出一樣。

▼ *在開闊海域，津浪不會造成什麼危害，但在淺水海域和內陸，會造成巨大的損害。*

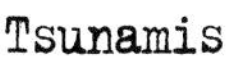

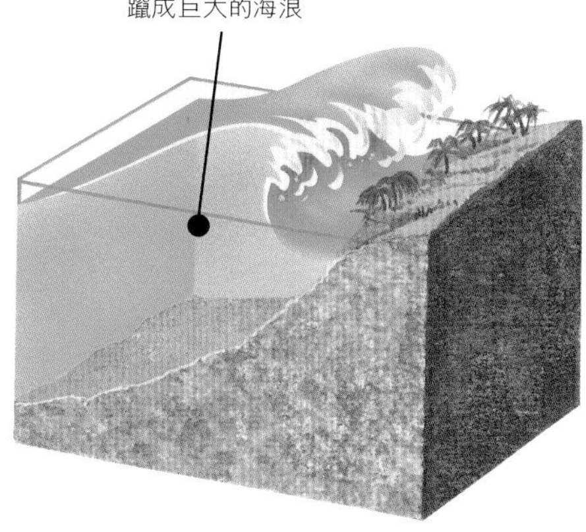

▲ *津浪可以由地震在水下引發，然後沿着海床行進很遠，直至躥出來襲擊海岸。*

- **津浪**沿着海床行進，會和噴氣式飛機一樣快，每小時達700千米甚至更多。
- **如果**當地發生地震，津浪15分鐘內就會到達海岸。
- **地震**在日本引發的津浪，10小時後也許會殃及美國的舊金山。
- **見諸記錄的最大的津浪**高達85米，1771年4月24日襲擊了日本。
- **津浪警報**由位於檀香山（Honolulu）的太平洋津浪警報中心（the Pacific Tsunami Warning Centre）發佈。

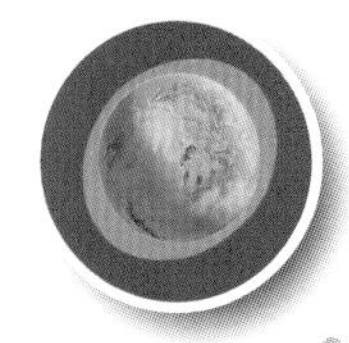

潮汐

- **潮汐**是海水大約每12小時上漲、稍後又迴落的運動方式。
- **當潮汐流動時，**它就上漲。當潮汐退縮時，它就迴落。
- **潮汐**是由地球、月球和太陽之間的引力牽引產生的。
- **月球和地球的引力**共同牽引，使得地球延展成一個雞蛋的形狀。
- **地球**非常堅實，只延展了20厘米。
- **海水**在地球上自由流動，形成兩個潮汐隆起（tidal bulge）（也就是高潮［high tide］）。一個高潮徑直位於月球下方，另一個位於地球的另一端。

▼ 在高潮時，海水沿着海岸上漲，留下大量的海草、貝殼和漂浮的樹木。大多數海岸每天都有兩次高潮和兩次低潮。

在每天相同的時間，地球相對的兩端都會發生高潮

高潮時海平面上升

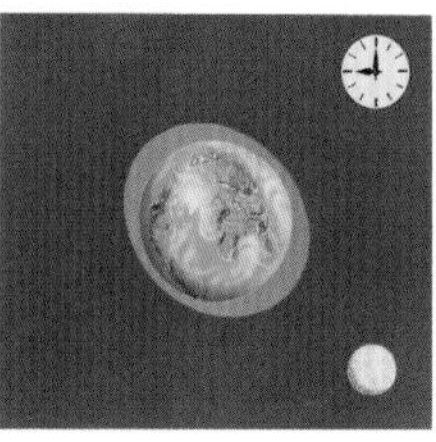

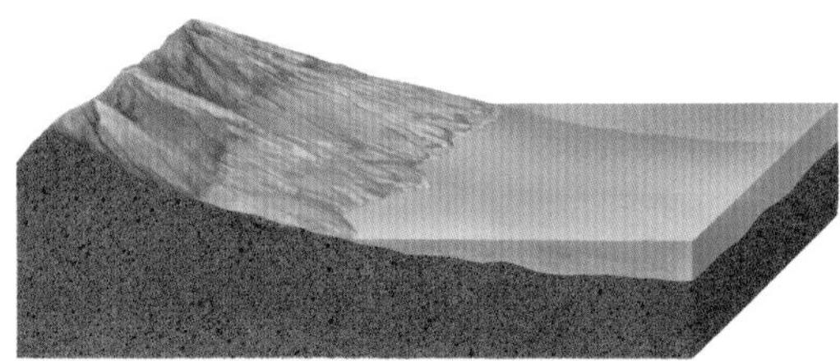

低潮時海平面又下降

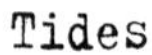

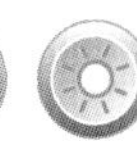

- **地球每24小時自轉一周，**潮汐隆起位於月球下方，不會改變。大洋上每個地點每天出現兩次高潮。月球在運動，地球也在運動，這使得高潮並非每12小時發生一次，而是每12小時25分鐘一次。
- **大陸阻擋潮汐**，使得潮汐隆起移動的方式複雜多變。因此，潮汐的發生時間和高度差別很大。在開闊的海域，潮汐僅上升大約1米，但在為陸地包圍的區域，比如加拿大新斯克舍省（Nova Scotia）的芬第灣（the Bay of Fundy），潮汐會上升超過15米。
- **太陽**離地球要比月球離地球遠得多，但是它太大了，其引力對潮汐也有影響。
- **月球和太陽**在滿月和新月時（與地球）成一條直線，引發很高的朔望大潮（spring tide），每月兩次。月球和太陽在半月時（與地球）形成直角，引發小潮（neap tide），比正常的潮汐要低。

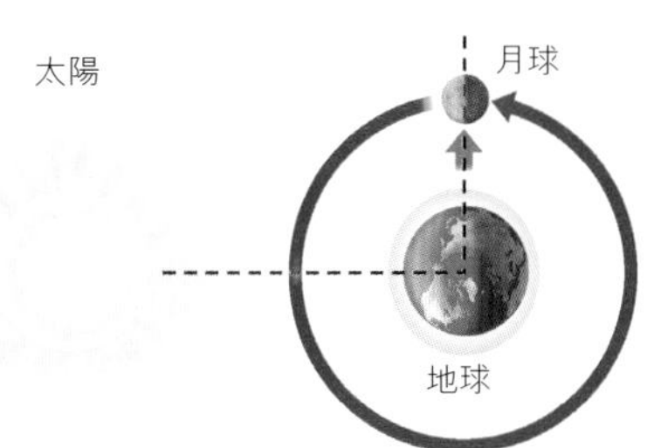

▶ *當太陽和月球彼此成直角，從不同的方向產生引力時，就會發生小潮。*

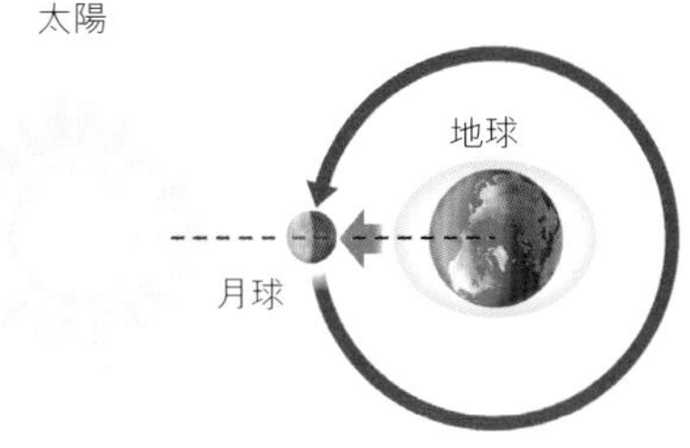

▶ *當太陽和月球成一條直線，一起產生引力時，就會發生大潮。*

洋流

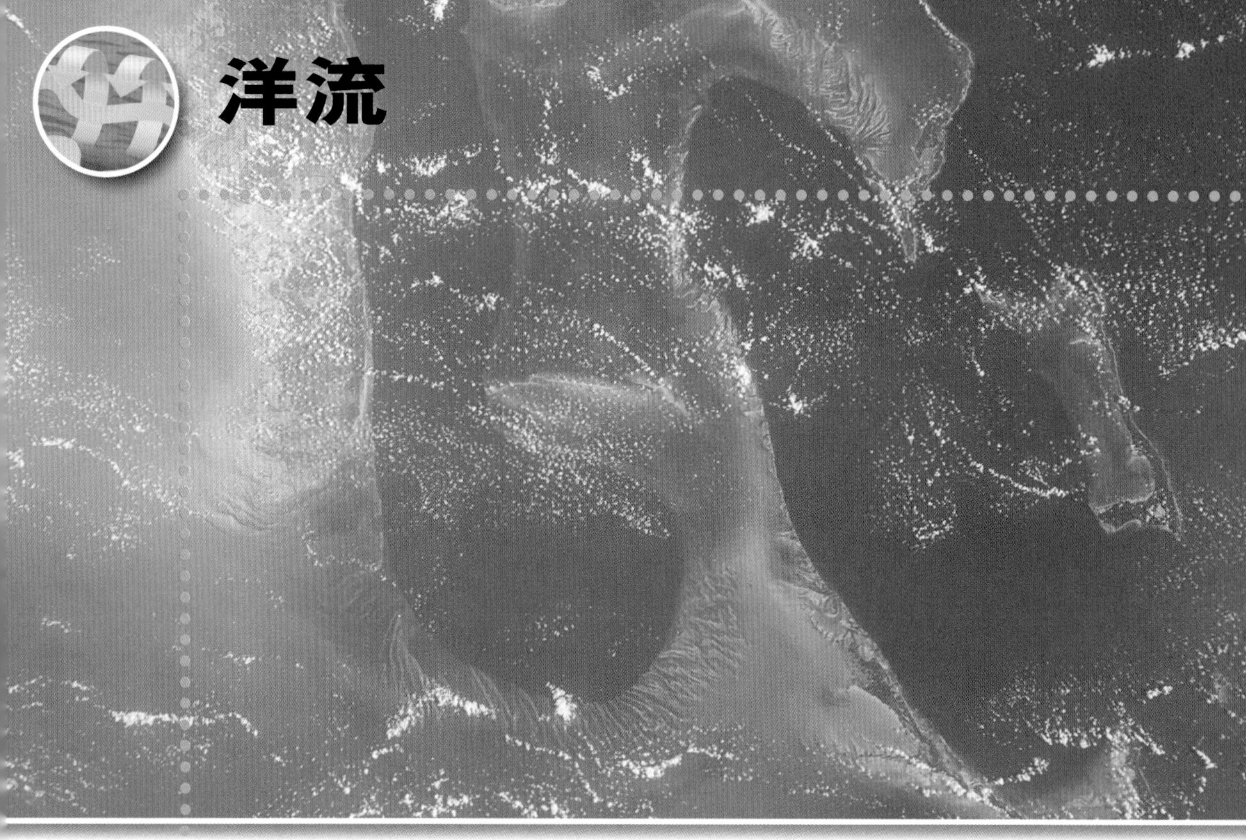

▲ *風吹過海水表面，洋流就開始形成。*

- **大洋表面的水流，**就像巨大的河流，通常有數十千米寬，100米深，流速為每小時15千米。
- **主要的洋流，**都在赤道兩側被切割成巨大的圈，稱作"環流圈"（gyre）。
- **在北半球，**環流圈沿順時針方向流動；在南半球，它們則沿逆時針方向流動。
- **風力**和地球的自轉共同驅動洋流。
- **在赤道附近，**海水受東風（見"風"）驅動，形成向西流動的赤道洋

流（equatorial current）。

- **赤道洋流**抵達大陸，地球的自轉使之轉向，往極地流動，形成暖流（warm current）。
- **暖流**向極地流動時，西風驅使它們重新向東流動，橫過大洋。洋流抵達大洋的另一端，開始沿着大陸的西海岸向赤道流動，形成寒流（cool current）。
- **北大西洋洋流**（the North Atlantic Drift）將大量溫暖的海水從加勒比海帶到英格蘭西南部，這洋流非常溫暖，使得棕櫚樹也能在這裡生長，這股暖流向北一直遠達紐芬蘭。
- **寒流**使空氣變得乾燥，導致沙漠形成，比如加利福尼亞的巴雅（Baja）沙漠和智利的阿塔卡瑪（Atacama）沙漠。

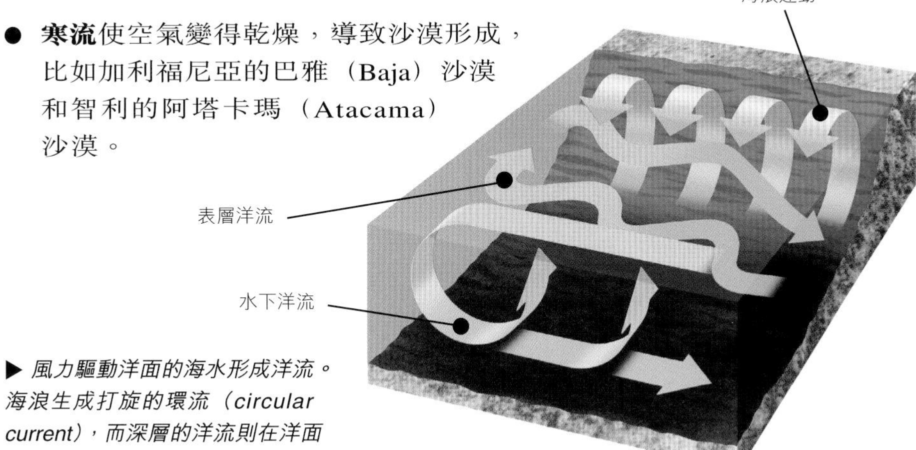

▶ *風力驅動洋面的海水形成洋流。海浪生成打旋的環流（circular current），而深層的洋流則在洋面下奔流。*

有趣的事實

環繞南極洲的西風漂移洋流（the West Wind Drift），其水量是亞馬遜河的2,000倍。

深海洋流

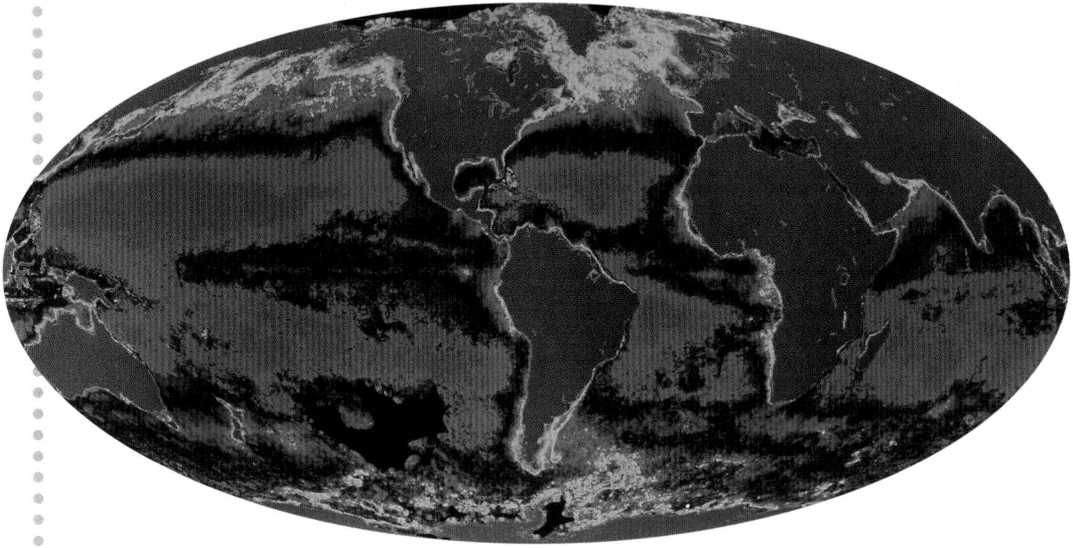

▲ *這一幅衛星圖顯示了大洋表面溫度的變化。*

- **表層洋流**（見“洋流”）只能影響大約100米的大洋上端，而深海洋流（deep current）則影響整個大洋。
- **深海洋流**的運動，取決於海水的密度差異。它們每天僅移動幾米。
- **大多數深海洋流**被稱為熱鹽環流（thermohaline circulation），這是由於它們因海水的溫度和含鹽量的不同而異。
- **如果**海水冷而含鹽量高，它的密度就大，就會下沉。
- **一般地，**密度大的海水是在極地地區形成的。在這裡，海水冰冷，海冰形成時會析出鹽，使得海水下沉。

- **密度大的極地海水**下沉，並在洋面下深處向赤道蔓延開去。
- **這下沉並引發深海洋流**的大密度海水，被海洋物理學家稱為“深水”（deep water）。
- **在北半球，**深水的主要形成區域是北大西洋。
- **地中海**的海水密度大、含鹽量高，向深處流動得也快——每秒鐘1米——它們穿過直布羅陀海峽（the Strait of Gibraltar），與北大西洋的深水匯合。
- **大洋共分三層：**“變溫層”（epilimnion）（由太陽光暖和起來的表層海水，從洋面一直到100-300米深處）；“斜溫層”（thermocline），隨着深度增加海水迅速變冷；“均溫層”（hypolimnion），是大團的深層冰冷海水。

▲ *在極地地區，海水冷些，含鹽量也高些，這使得它們也重些。它們下沉並緩慢地向赤道蔓延。*

海洋深度

- **海洋平均深**2,000多米。
- **海洋的邊緣**是陸地的突出部分——大陸架（the continental shelf），這裡的海洋深度平均為130米。
- **在大陸架的邊緣，**海床陡然俯沖到大陸坡（the continental slope）下面，深達數千米。
- **水下岩崩**（underwater avalanche）沿着大陸坡呼嘯而下，速度達每小時60多千米。它們砸出很深的窪地，形成海底峽谷（submarine canyon）。
- **大陸坡的底部**坡度平緩，被稱為"陸基"（continental rise）。
- **在陸基以外，**洋底延展成廣闊的平原，叫作"深海平原"（abyssal

▼ *大洋底下有山、高原、平原和海溝，與在陸地上發現的地勢相似。*

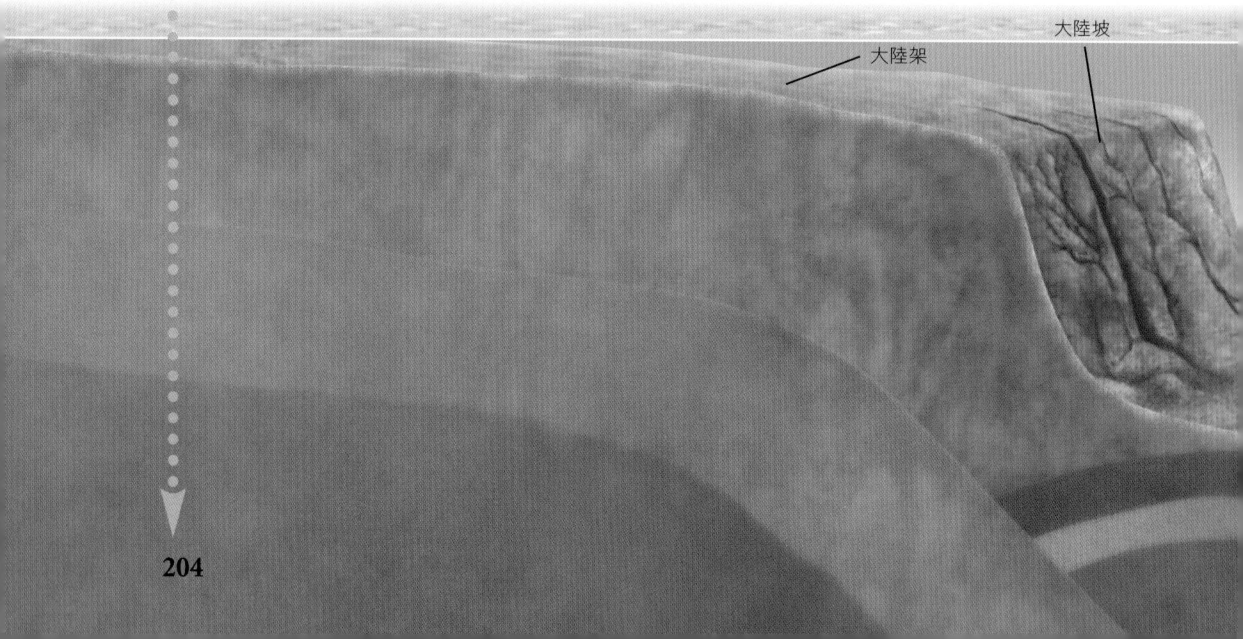

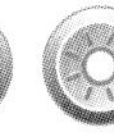

plain），位於洋面下5,000米深處。

- **深海平原**被埋在一層厚厚的礦泥中，叫作“硅藻軟泥”（ooze），它由部分火山灰和大氣塵埃，以及部分海洋生物殘骸形成。
- **深海平原**散佈着一些高大的山，有數千米高，這些山叫作“海峰”（seamount）。
- **頂端平坦的海峰**叫作“海底平頂山”（guyot）。它們可能是曾經露出水面的火山。
- **洋底最深的地方**是海溝——是在構造板塊向下熔入地幔時形成的。馬里亞納海溝深10,863米。

▲ *大量的海洋生物生活在遠海（pelagic zone）——遠離大陸架的開闊海域表層海水裡。*

海底煙囱

▲ *海底煙囱是在不到三十年前第一次發現的。*

- **海底煙囱**（black smoker）是在海床上自然形成的煙囱。它們翻湧出由熾熱的氣體和海水組成的黑煙。
- **海底煙囱**在學術上被稱為“熱液出口”（hydrothermal vent）。它們具有火山的一些特徵。
- **海底煙囱**是沿着大洋中脊形成的，構造板塊在這裡裂開。
- **當海水沿着海底裂縫滲透時，**海底煙囱就開始形成了。海水由火山岩漿加熱，並溶解岩石中的礦物質。

- **一旦**海水變得過熱，就會成團地從出口噴出來，黑乎乎，熱烘烘，含有豐富的礦物質。
- **在冰冷的海水裡，**團狀的煙霧急劇冷卻，在高高的煙囪狀的出口留下一層厚厚的沉積物，含有硫磺、鐵、鋅和銅。

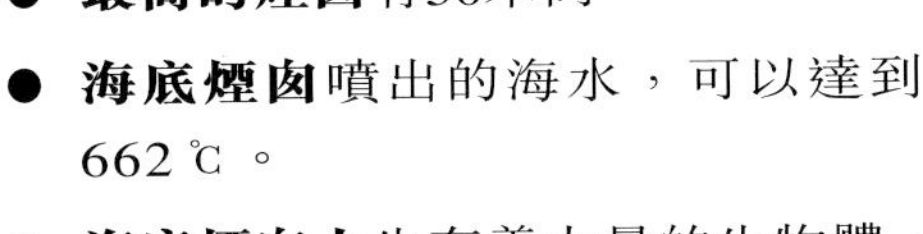

- **最高的煙囪**有50米高。
- **海底煙囪**噴出的海水，可以達到662℃。
- **海底煙囪上**生存着大量的生物體，它們在熱烘烘的海水和有毒的化學物質中繁衍。這些生物體包括巨大的蛤（clam）和多毛蟲（tube worm）。

▶ 在水面以下2,500多米深處，海底煙囪噴出滾燙的海水，由於富含礦物質泥土便成了黑色。環繞着海底煙囪的是一些多毛蟲，有的像汽車一樣長。

有趣的事實

世界上每一滴海水，每一千萬年才由海底煙囪循環一次。

索引

A

索引

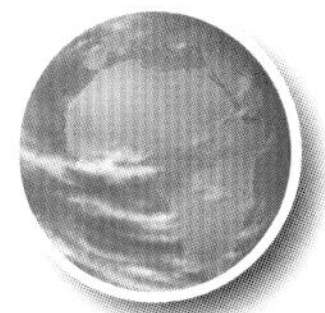

索引

F

H

I

索引

J

K

L

M

索引

O

P

索引

Q

R

S

索引

T

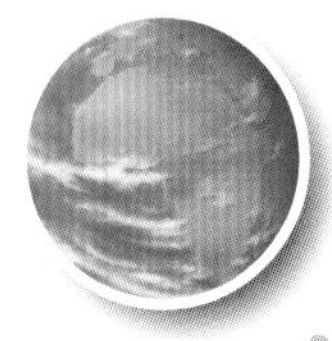

索引

W

Y

Z

鳴謝

The publishers would like to thank the following artists who have contributed to this book:

Gary Hincks, Janos Marffy, Guy Smith

The publishers would like to thank the following sources for the use of their photographs:

Page 30 Lloyd Cluff/CORBIS; Page 39 Jeremy Horner/CORBIS; Page 66 Morton Beebe S.F./CORBIS; Page 68 Michael S Yamashita/CORBIS; Page 206 Ralph White/CORBIS

All other pictures from the Miles Kelly Archives.